W. Harth
Fluktuationen und Dynamik
aktiver Halbleiter-Bauelemente

Fluktuationen und Dynamik aktiver Halbleiter-Bauelemente

Von Professor Dr. rer. nat. Wolfgang Harth
Technische Universität München

Mit 48 Bildern

B. G. Teubner Stuttgart · Leipzig 1998

Die Deutsche Bibliothek – CIP-Einheitsaufnahme

Harth, Wolfgang:
Fluktuationen und Dynamik aktiver Halbleiter-Bauelemente / von
Wolfgang Harth. – Stuttgart ; Leipzig : Teubner, 1998
  ISBN 978-3-519-06255-4   ISBN 978-3-322-94036-0 (eBook)
  DOI 10.1007/978-3-322-94036-0

Einbandgestaltung: Peter Pfitz, Stuttgart

Vorwort

Diese Monographie entstand aus einer Vorlesung gleichnamigen Titels, die als Vertiefung zu zwei anderen Vorlesungen, nämlich „Hochfrequenz-Elektronik" und „Opto-Elektronik" an der Technischen Universität München angeboten wird.

Als Stoff werden hier Fluktuationsphänomene und deren Einfluß auf die Dynamik von aktiven Halbleiter-Bauelementen behandelt. Der Begriff „aktiv" bedeutet, daß diese Bauelemente Gleichleistung in Wechselleistung umsetzen können. Zur Begrenzung des Inhalts werden beispielhaft nur aktive Zweipole untersucht. Bei diesen aktiven Zweipolen kann durch interne Rückkopplung ein negativer Wirkwiderstand auftreten, mit dem ein Resonator entdämpft wird und somit ein Oszillator entsteht.

Ein Oszillator wird charakterisiert durch seine Amplitude (bzw. abgegebene Leistung) und Frequenz sowie durch deren Fluktuationen, nämlich Amplituden-Rauschen und Frequenz- (bzw. Phasen-) Rauschen. Damit ein Oszillator überhaupt einen stabilen Arbeitspunkt erreicht, muß das zugehörige aktive Element eine nicht-lineare Aussteuer-Charakteristik aufweisen. Bei der Beschreibung der Fluktuationen solcher aktiver Bauelemente muß daher die Kenntnis deren Dynamik vorausgehen.

Dieses Buch enthält fünf Abschnitte, wobei im ersten Abschnitt die Grundlagen über Rauschgrößen und deren zugehörige stochastische

Differentialgleichungen zusammengefaßt sind. Im Abschnitt 2 wird
der Van der Pol-Oszillator mit negativem, nichtlinearem Wirkwiderstand behandelt. Im   Abschnitt 3 wird der Injektionslaser in enger
Anlehnung an den vorausgegangenen Abschnitt als optischer Oszilllla-
tor beschrieben. In diesen beiden Abschnitten wird der aktive Zwei-
pol (negativer Widerstand bzw. optischer Gewinn) zusammen mit einem Resonator (konzentrierte Impedanzen bzw. Fabry-Perot Anordnung) dargestellt. In den beiden letzten Abschnitten hingegen wird allein das jeweilige Bauelement behandelt, nämlich die Lawinenlaufzeit-
Diode und das Gunn-Element. Mit diesen Oszillatoren und Halbleiter-
Baulementen können nun auch die vier wichtigsten Rauscheinströmun-
gen in die Untersuchungen mit einbezogen werden: äquivalentes thermisches Rauschen eines negativen Widerstandes, spontane Emission,
Schrotrauschen und Rauschen heißer Elektronen.

Damit resultiert in den vier Abschnitten jeweils die Darstellung der
spektralen Dichten für die Amplitude, Phase und Ausgangsleistung sowie Linienbreite und Rauschmaß. Einen relativ breiten Raum nimmt
dabei die Beschreibung der Autokorrelationsfunktion der spezifischen
Rauscheinströmung ein, da der zugehörige verallgemeinerte Diffusionskoeffizient wesentlich die verschiedenen Rauschspektren bestimmt.

Ein besonderes Anliegen bei der Ausarbeitung des Stoffes war, das
in verschiedenen Disziplinen angesiedelte Material, insbesondere über
Fluktuationen, auf eine einheitliche, ingenieurwissenschaftliche Form
zu bringen.

Für das Verständnis dieses Buches werden vom Leser an Eingangs-
kenntnissen die Grundzüge der Hochfrequenz-Elektronik und der
Opto-Elektronik erwartet. Aus der Mathematik wird die Differential-
und Integralrechnung sowie Grundkenntnisse über Differentialgleichungen und Funktionentheorie als bekannt vorausgesetzt.

Herrn Professor Dr. H. Risken, Herrn Professor Dr. M. Claassen, Herrn
Dr. M.-C. Amann und Herrn Dipl.-Ing. T. Johannes sei an dieser Stel-

le für viele wertvolle Diskussionen gedankt. Gedankt sei auch Herrn Akad. Direktor Dr. J. Freyer für die graphische Darstellung zahlreicher Abbildungen. Besonderer Dank gilt Frau R. Heilmann für die sorgfältige Reinschrift und Herrn Dipl. Phys. M. Koch für die Gestaltung des Textes.

München im April 1998 W. Harth

Inhaltsverzeichnis

1 Grundlagen

1.1 Definition von Rauschgrößen

Es ist $q(t)$ ein verrauschtes Signal, z.B. Strom, Feldstärke, Photonenzahl oder Koordinate eines Massepunktes etc. [1],

$$q(t) = \langle q \rangle + \delta q(t) \tag{1.1}$$

worin $\langle q \rangle$ der Mittelwert und $\delta q(t)$ der Rauschanteil ist.

Das Zeitmittel von $q(t)$ ist

$$\langle q \rangle = \lim_{t' \to \infty} \frac{1}{t'} \int_{t_0}^{t_0+t'} q(t)dt \tag{1.2}$$

und ist unabhängig von t_0. Dies ist die Definition von stationären
Rauschprozessen. Dementsprechend folgt

$$\langle \delta q(t) \rangle = 0 \,. \tag{1.3}$$

Im Zeitbereich wird das Rauschen durch die Autokorrelationsfunktion
(AKF) beschrieben:

$$R_q(\tau) = \langle \delta q(t) \delta q(t + \tau) \rangle \tag{1.4}$$

wobei gilt $R_q(\tau) = R_q(-\tau)$. $R_q(\tau)$ ist also eine gerade Funktion der
Korrelationszeit τ. Das Rauschen kann aber auch im Frequenzbereich

mit der spektralen Dichte $S_q(\omega)$ bei der Kreisfrequenz ω beschrieben werden:

$$S_q(\omega) = \langle | \, \delta q(\omega) \, |^2 \rangle = \int\limits_{-\infty}^{+\infty} R_q(\tau) e^{-j\omega\tau} d\tau \,. \tag{1.5}$$

$S_q(\omega)$ und $R_q(\tau)$ sind ein Paar der Fouriertransformation (Wiener-Khintchine) und die inverse Transformation ergibt

$$R_q(\tau) = \int\limits_{-\infty}^{+\infty} S_q(\omega) e^{j\omega\tau} df \qquad f = \frac{\omega}{2\pi} \,. \tag{1.6}$$

Für $\tau = 0$ folgt:

$$R_q(0) = \langle \delta q^2 \rangle = \int\limits_{-\infty}^{+\infty} S_q(\omega) df = \int\limits_{-\infty}^{+\infty} \langle | \, \delta q(\omega) \, |^2 \rangle df \,. \tag{1.7}$$

Der Mittelwert des Quadrats des Rauschsignals ist die einfachste Maßzahl für die Fluktuation und wird als Varianz σ^2 bezeichnet

$$\sigma^2 = \langle \delta q^2 \rangle = \langle (q(t) - \langle q \rangle)^2 \rangle \,. \tag{1.8}$$

Rauschgrößen werden als Effektivwerte δq_{eff} gemessen und es gilt der Zusammenhang:

$$\delta q_{eff}^2 = \langle \delta q^2 \rangle = \sigma^2 = \langle (q(t) - \langle q \rangle)^2 \rangle = R_q(0) =$$
$$= \int\limits_{-\infty}^{+\infty} S_q(\omega) df = \text{gesamte Rauschleistung} \tag{1.9}$$

Wird das Rauschsignal durch ein enges Filter mit Mittenkreisfrequenz ω und Filterbandbreite Δf geschickt, so erhält man für den Mittelwert des Quadrats

$$\langle \delta q_{\Delta f}^2 \rangle = 2\Delta f \langle | \, \delta q(\omega) \, |^2 \rangle = 2\Delta f \cdot S_q(\omega) \, . \tag{1.10}$$

Der Faktor 2 erscheint, weil hier positive und negative Frequenzen betrachtet werden müssen.

Häufig ist die AKF im Zeitbereich mit einer δ-Funktion korreliert :

$$R_q(\tau) = \langle \delta q(t) \delta q(t + \tau) \rangle = 2D\delta(\tau) \, . \tag{1.11}$$

Die Größe D wird als allgemeiner Diffusionskoeffizient bezeichnet [2, 3]. Die zugehörige spektrale Dichte ist

$$S_q(\omega) = \langle | \, \delta q(\omega) \, |^2 \rangle = 2D, \tag{1.12}$$

also ein „weißes" Spektrum. D gibt auch die Stärke der Fluktuation an.

1.2 Langevin-Gleichungen

Langevin-Gleichungen (L.G.) sind stochastische, nichtlineare Differentialgleichungen. Die allgemeine Form lautet:

$$
\begin{aligned}
\frac{dq_1}{dt} &= K_1(q_1 \cdots q_n) + g_1(q_1 \cdots q_n)F_1(t) \\
&\;\;\vdots \\
\frac{dq_n}{dt} &= K_n(q_1 \cdots q_n) + g_n(q_1 \cdots q_n)F_n(t)
\end{aligned}
\tag{1.13}
$$

oder abgekürzt

$$\frac{d\bar{q}}{dt} = \bar{K}(\bar{q}) + \bar{\bar{g}}(\bar{q}) \cdot \bar{F}(t) \tag{1.14}$$

$$\bar{q}(t), \bar{K}(\bar{q}) \; \hat{=} \; \text{reelle Vektoren}$$

$$\bar{\bar{g}}(\bar{q}) \; \hat{=} \; \text{diagonal Matrix}$$

Die zeitabhängige Variable $q_i(t)$ stellt den makroskopischen Zustand des physikalischen Systems dar. Die deterministischen Kräfte $K_i(\bar{q})$, die auch als Drift-Terme bezeichnet werden, bestimmen den Zusammenhang zwischen den Variablen (q_i) und der Außenwelt (z.B. Pumpe).

Für $\bar{F}(t) = 0$ ist (1.14) ein Satz von n gewöhnlichen, nichtlinearen, verkoppelten Differentialgleichungen erster Ordnung. Deren Verlauf ist vollständig bestimmt durch einen Satz von n Anfangsbedingungen $\bar{q}(t = 0)$. Der letzte Term in (1.14) ist die stochastische Langevin Kraft $\bar{F}(t)$ mit folgenden Eigenschaften:

$$\langle F_i(t) \rangle = 0$$

$$\langle F_i(t) F_j(t + \tau) \rangle = 2D_{ij}\delta(\tau) . \tag{1.15}$$

Die Funktionen $g_i(\bar{q})$ in (1.13) und (1.14) berücksichtien, daß die stochastischen Kräfte auch von den q_i abhängen können. Sind die g_i unabhängig von $\bar{q}$ dann spricht man von einer L. G. mit additiver Rauscheinströmung und mit g_i abhängig von $\bar{q}$ ist es eine L.G. mit einer multiplikativen Rauschquelle [2].

<u>Wiener-Prozeß:</u> Für $n = 1, K = 0$ und $g_1 = 1$ nimmt die L.G. die

einfachste Form an:

$$\frac{dq}{dt} = F(t) \tag{1.16}$$

$$\text{Lösung:} q(t) - q(0) = \int\limits_0^t F(t')dt' \,. \tag{1.17}$$

Mit $D_{11} = D$ erhält man für den quadratischen Mittelwert

$$\langle \mid q(t) - q(0) \mid^2 \rangle = 2D \mid t \mid \tag{1.18}$$

(ist q eine Ortskoordinate eines Teilchens, so beschreibt (1.18) die Brownsche Bewegung, deren quadratischer Mittelwert proportional der gewöhnlichen Diffusionskonstante D ist; daher die Bezeichnung von D). Gleichung (1.18) beschreibt auch die allgemeine Tendenz von L.G., nämlich die „Teilchenbahn" zeitlich zu verwischen, wenn nicht deterministische Kräfte K_i dagegen wirken.

Ornstein-Uhlenbeck (O.U.)-Prozeß: Mit $g_i = 1$ folgt

$$\frac{d\bar{q}}{dt} = -\bar{\bar{\alpha}}\bar{q} + \bar{F}(t) \tag{1.19}$$

$\bar{\bar{\alpha}} \hateq$ konstante Matrix.

Der O.U.-Prozeß entsteht, wenn eine Kleinsignal-Entwicklung von $\bar{K}(\bar{q})$ in (1.13) um einen stationären Punkt $\bar{q}_0$ durchgeführt wird, mit $\bar{K}(\bar{q}_0) = 0$. Für $n = 1$ wird aus (1.19)

$$\frac{dq}{dt} = -\alpha q + F(t)$$
$$\langle F(t)F(t+\tau) \rangle = 2D\delta(\tau) \tag{1.20}$$

Mit der Anfangsbedingung $q(0) = 0$ lautet die Lösung von (1.20) [3, S.33]:

$$q(t) = \int_0^t e^{-\alpha(t-t')} F(t')dt' . \tag{1.21}$$

Die AKF für q lautet:

$$\langle q(t_1)q(t_2) \rangle = 2D \int_0^{t_1} dt_1' \int_0^{t_2} \delta(t_2' - t_1') e^{-\alpha(t_1+t_2-t_1'-t_2')} dt_2'$$

$$= 2D \int_0^{t_1} e^{-\alpha(t_1+t_2-2t_1')} dt_1'$$

$$= \frac{D}{\alpha} \left[e^{-\alpha|t_1-t_2|} - e^{-\alpha(t_1+t_2)} \right] . \tag{1.22}$$

Für große t_1 und t_2 und mit $t_1 = t$ und $t_2 = t + \tau$ lautet die AKF für q:

$$R_q(\tau) = \langle q(t)q(t+\tau) \rangle = \frac{D}{\alpha} e^{-\alpha|\tau|} . \tag{1.23}$$

Der O.U.-Prozeß dient auch dazu (für $\alpha > 0$) durch zusätzliche physikalische Annahmen, den Diffusionskoeffizienten zu bestimmen: Dazu wird $\tau = 0$ gesetzt und bei bekanntem $\langle q^2 \rangle$ und α gilt

$$D = \alpha \langle q^2 \rangle \tag{1.24}$$

(1.24) ist eine Form des Fluktuations-Dissipationstheorems [3, S.175]. Aus (1.23) kann das Spektrum des O.U.-Prozesses bestimmt werden:

$$S_q(\omega) = \int_{-\infty}^{+\infty} R_q(\tau) e^{-j\omega\tau} d\tau = \frac{D}{\alpha} \int_{-\infty}^{+\infty} e^{-\alpha|\tau|} e^{-j\omega\tau} d\tau$$

$$= \frac{D}{\alpha} \left\{ \int_0^\infty e^{-(\alpha+j\omega)\tau} d\tau + \int_{-\infty}^0 e^{-\alpha|\tau|-j\omega\tau} d\tau \right\}$$

$$= \frac{D}{\alpha} \left\{ \frac{1}{\alpha+j\omega} + \int_0^\infty e^{-(\alpha-j\omega)\tau} d\tau \right\}$$

$$= \frac{D}{\alpha} \left\{ \frac{1}{\alpha+j\omega} + \frac{1}{\alpha-j\omega} \right\} = \frac{2D}{\omega^2+\alpha^2}\,. \tag{1.25}$$

Der O.U.-Prozeß hat also ein Lorentz-Spektrum. Dieses Spektrum erhält man einfacher, indem man (1.20) einer Fourier-Transformation unterzieht:

$$j\omega q(\omega) = -\alpha q(\omega) + F(\omega) \tag{1.26}$$

Daraus folgt für $\langle |\, q(\omega)\, |^2 \rangle$:

$$\langle |\, q(\omega)\, |^2 \rangle (\omega^2 + \alpha^2) = \langle |\, F(\omega)\, |^2 \rangle\,. \tag{1.27}$$

Mit

$$S_F(\omega) = \langle |\, F(\omega)\, |^2 \rangle = \int_{-\infty}^{+\infty} \langle F(t)F(t+\tau) \rangle e^{-j\omega\tau} d\tau$$

$$= 2D \int_{-\infty}^{+\infty} \delta(\tau) e^{-j\omega\tau} d\tau = 2D\,. \tag{1.28}$$

Somit lautet das Spektrum

$$S_q(\omega) = \langle |\, q(\omega)\, |^2 \rangle = \frac{2D}{\omega^2 + \alpha^2} \tag{1.29}$$

(vgl. hierzu Gl. (1.25)).

1.3   Fokker-Planck-Gleichung

Die Fokker-Planck-Gleichung (F.P.G.) ist eng verknüpft mit der L.G.:

$$
\begin{aligned}
\dot{q}_i &= K_i(\bar{q}) + F_i(t) \qquad\qquad i = 1 \ldots n \\
\langle F_i(t)F_j(t+\tau) \rangle &= 2D_{ij}\delta(\tau)
\end{aligned}
\tag{1.30}
$$

und sie lautet ([3, S.5]):

$$
\frac{\partial W}{\partial t} = \left[-\sum_{i=1}^{n} \frac{\partial K_i(\bar{q})}{\partial q_i} + \sum_{i,j=1}^{n} \frac{\partial^2 D_{ij}(\bar{q})}{\partial q_i \partial q_j} \right] W .
\tag{1.31}
$$

Die F.P.G. ist eine lineare partielle Differentialgleichung zweiter Ordnung für die Wahrscheinlichkeits-Verteilung $W(\bar{q}, t)$ von n makroskopischen Variablen $\bar{q}$. Der erste Term wird Driftterm (K_i), der zweite Diffusionsterm (D_{ij}) genannt.

Beispiel: Mit $n = 1, K_i = K = \text{const}, D_{ij} = D = \text{const}$ wird aus (1.31)

$$
\frac{\partial W}{\partial t} = -K \frac{\partial W}{\partial q} + D \frac{\partial^2 W}{\partial q^2} .
\tag{1.32}
$$

Dies ist die um einen Drift-Term erweiterte Diffusionsgleichung für W. (Vergleich: driftende Elektronen der Dichte n in einem Konzentrationsgefälle

$$
\frac{\partial n}{\partial t} = -v \frac{\partial n}{\partial x} + D_n \frac{\partial^2 n}{\partial x^2}
$$

darin ist v die Elektronen-Driftgeschwindigkeit, D_n ist die Elektronen-Diffusionskonstante).

Die Lösung von (1.32) mit der Anfangsbedingung

$$W(q, 0) = \delta(q) \tag{1.33}$$

lautet:

$$W(q, t) = \frac{1}{\sqrt{4\pi Dt}} \exp\left(-\frac{(q - Kt)^2}{4Dt}\right) \tag{1.34}$$

$$\left(\text{bzw.} : n(x, t) = \frac{n_0}{\sqrt{4\pi D_n t}} \exp\left(-\frac{(x - vt)^2}{4D_n t}\right)\right).$$

Bild 1.1 zeigt für (1.34) den Verlauf von $W(q, t)$ in der q/t-Ebene.

Bei bekanntem $W(q, t)$ können daraus die zeitabhängigen Momente (und somit Spektren) berechnet werden:

$$M_1 = \langle q \rangle = \int_{-\infty}^{+\infty} qW(q, t)dq \tag{1.35}$$

$$M_2 = \langle q^2 \rangle = \int_{-\infty}^{+\infty} q^2 W(q, t)dq \tag{1.36}$$

$$\sigma^2 = \langle (q - \langle q \rangle)^2 \rangle = \int_{-\infty}^{+\infty} (q - \langle q \rangle)^2 W(q, t)dq$$

$$= \int_{-\infty}^{+\infty} (q^2 - 2q\langle q \rangle + \langle q \rangle^2)W(q, t)dq$$

$$\sigma^2 = \langle q^2 \rangle - \langle q \rangle^2 = M_2 - M_1^2. \tag{1.37}$$

(In Bild 1.1 ist z.B. $M_1 = \langle q \rangle$ aus (1.34) eingetragen).

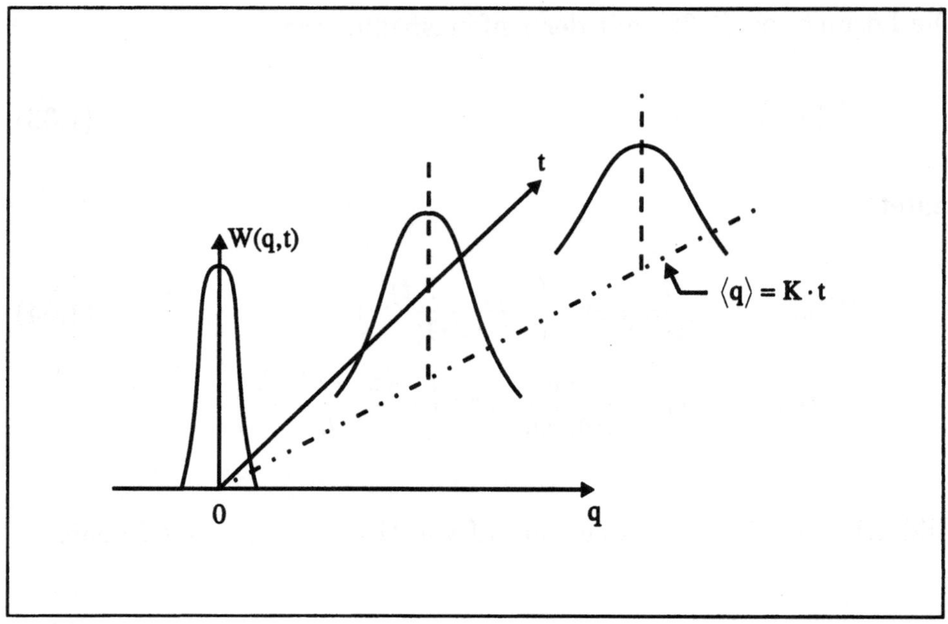

Bild 1.1:   Verlauf von $W(q,t)$ [4]; die punktiert - gestrichelte Linie
ist der Mittelwert $\langle q(t)\rangle = K \cdot t$ (im Beispiel von (1.34))

Die F.P.G. kann umgeschrieben werden in

$$\frac{\partial W}{\partial t} + \sum_{i=1}^{n} \frac{\partial}{\partial q_i}\left[(K_i W) - \sum_{j=1}^{n} \frac{\partial}{\partial q_j}(D_{ij}W)\right] = 0\,. \tag{1.38}$$

Durch Einführung des Wahrscheinlichkeits-Stromes

$$\bar{S} = (S_1 \cdots S_n) \tag{1.39}$$

mit den Komponenten

$$S_i = K_i W - \sum_{j=1}^{n} \frac{\partial}{\partial q_j}(D_{ij}W) \tag{1.40}$$

ergibt sich eine Kontinuitätsgleichung

$$\frac{\partial W}{\partial t} + \mathrm{div}\bar{S} = 0\,. \tag{1.41}$$

Die stationäre Lösung der F.P.G. mit $\frac{\partial W}{\partial t} = 0$ ist $W_0(\bar{q})$. Dann gilt div $\bar{S}_0 = 0$.

Mit der Voraussetzung

$$D_{ij} = \delta_{ij}D \qquad \delta_{ij} = 1 \qquad i = j$$
$$= 0 \qquad \text{sonst,} \tag{1.42}$$

Und durch Einführung der Potentialbedingungen [3, S.133]

$$K_i = -\frac{\partial V(\bar{q})}{\partial q_i} \quad \text{bzw.} \quad \frac{\partial K_i}{\partial q_j} - \frac{\partial K_j}{\partial q_i} = 0 \tag{1.43}$$

worin $V(\bar{q})$ das Potential ist, folgt für den Wahrscheinlichkeits-Strom

$$\bar{S}_0 = -W_0\, grad\,[V(\bar{q}) + DlnW_0(\bar{q})]\,.$$

$\bar{S}_0$ verschwindet (für alle q_i), wenn gilt

$$lnW_0(\bar{q}) = -\frac{V(\bar{q})}{D} + const\,.$$

Daraus ergibt sich für $W_0(\bar{q})$ als Lösung

$$W_0(\bar{q}) = N_0 \exp\left[-\frac{V(\bar{q})}{D}\right]\,. \tag{1.44}$$

Die Integrationskonstante N_0 wird aus der Normierungsbedingung bestimmt

$$\int\limits_{-\infty}^{+\infty} W_0(\bar{q})d^n q = N_0 \int\limits_{-\infty}^{+\infty} \exp\left[-\frac{V(\bar{q})}{D}\right] d^n q = 1\,. \qquad (1.45)$$

Beispiel: O.U.-Prozeß

$$\dot{q} \;\; = \; -\alpha q + F(t) \qquad\qquad \langle F(t)F(t+\tau)\rangle \; = \; 2D\delta(\tau)$$

$$K \;\; = \; -\alpha q \qquad\qquad\qquad\qquad\qquad V \; = \; \frac{\alpha}{2}q^2$$

$$W_0 \; = \; N_0 e^{-(\alpha q^2/2D)} \qquad\qquad\qquad\qquad N_0 \; = \; \sqrt{\tfrac{\alpha}{2\pi D}}\,.$$

Im Teilchen-Bild ($q \,\widehat{=}\,$ Teilchen-Koordinate) stößt die stochastische Kraft $F(t)$ das Teilchen auf den Potentialabhang (Ursache K). Nach jedem Stoß fällt das Teilchen wieder den Hang herunter. Deshalb ist die wahrscheinlichste Lage $q = 0$ (W_0 maximal; vgl. Bild 1.2). Aber auch andere Lagen sind möglich, jedoch mit rasch abnehmender Wahrscheinlichkeit. Wird α kleiner (oder D größer), so wird die rücktreibende Kraft K kleiner (oder die stochastischen Stöße größer), und der Potentialabhang wird flacher und W_0 wird verbreitert. Für die stationären Momente folgt

$$M_1 = \langle q \rangle = 0 \quad \text{(Zentrum von } W_0 \text{ ist bei } \; q = 0)$$

$$M_2 = \langle q^2 \rangle \equiv \sigma^2 = \frac{D}{\alpha} \quad \text{(Maß für die Halbwertsbreite von} W_0)$$

N.B.: Für den O.U.-Prozeß gibt es auch für die nichtstationäre F.P.G. eine strenge Lösung ([3, S.100]).

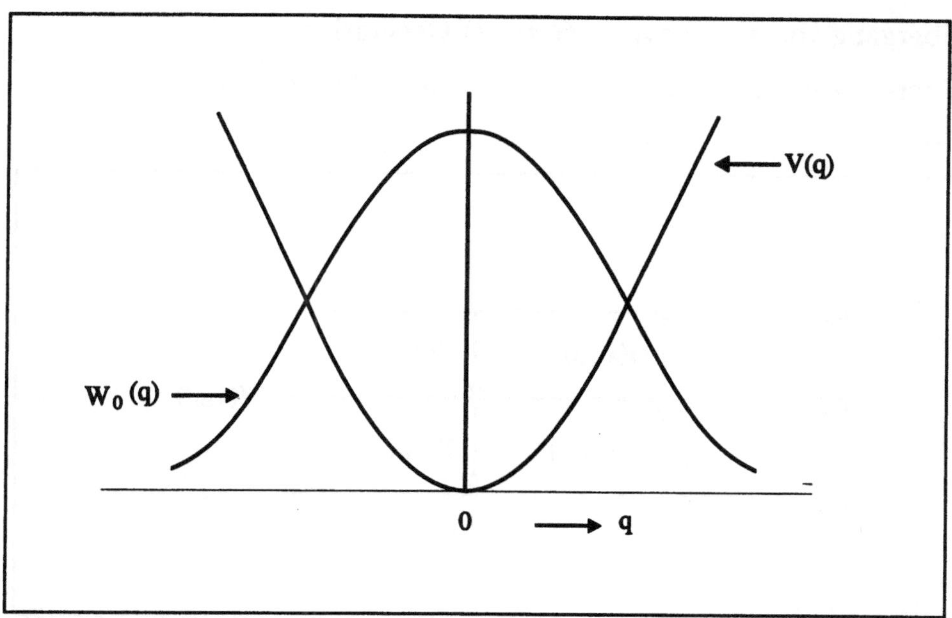

Bild 1.2:   Potential $V(q)$ und Gauß-Verteilung W_0 für den O.U-
Prozeß

1.4   „Master"-Gleichung

Die „Master"-Gleichung (M.G.; der Begriff Meister-Gleichung geht
wahrscheinlich auf W. Pauli zurück) wird aufgestellt, wenn eine stochastische Variable nur diskrete Werte $x_m = \lambda \cdot m(m = 1 \cdots M)$ annimmt. Sie ist relativ allgemein gültig, da nur wenige Voraussetzungen
enthalten sind. Die M.G. hängt eng mit der F.P.G. und damit auch mit
der zugehörigen L.G. zusammen. Daraus kann z.B. (ohne zusätzliche
Annahmen wie beim O.U.-Prozeß) gleichzeitig Drift-Term (determini-
stisch) und der Diffusionskoeffizient (stochastisch) abgeleitet werden.

Hier: M.G. nur für Übergänge zu den nächsten Nachbarn (vgl. Bild
1.3 und [3, S.76]):

Übergang von $x_m \to x_{m+1}$: $G(x_m, t)$ Generation

Übergang von $x_m \to x_{m-1}$: $R(x_m, t)$ Rekombination, etc.

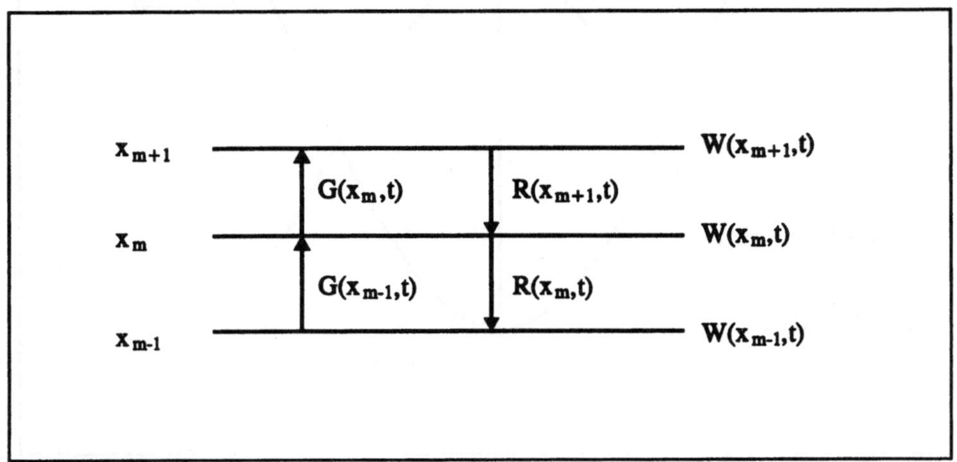

Bild 1.3: Übergangsraten für die „Master"-Gleichung (1.46)

Die Bewegungsgleichung der Wahrscheinlichkeit $W(x_m, t)$ von Zustand x_m ist die M.G. :

$$
\begin{aligned}
\dot{W}(x_m, t) \; = \; & G(x_{m-1}, t) \cdot W(x_{m-1}, t) - \\
& - \, G(x_m, t) W(x_m, t) + \\
& + \, R(x_{m+1}, t) \cdot W(x_{m+1}, t) - \\
& - \, R(x_m, t) W(x_m, t) \, .
\end{aligned}
\tag{1.46}
$$

Hinweis: $x_m = m, G(m) = \mu m, R(m) = \nu m$: Generation - Rekombination

$x_m = m, G(m) = \mu, R(m) = 0$: Poisson-Prozeß (vgl. Kapitel 4).

Mit $x_m \to x, x_{m\pm1} = x \pm \lambda$ und $f(x \pm \lambda) = \exp(\pm \lambda \frac{\partial}{\partial x}) \cdot f(x)$ wird aus (1.46)

$$\dot{W}(x,t) = \left[e^{-\lambda\frac{\partial}{\partial x}} - 1\right] G(x,t)W(x,t) +$$
$$+ \left[e^{+\lambda\frac{\partial}{\partial x}} - 1\right] R(x,t)W(x,t) =$$
$$= \sum_{n=1}^{\infty} \left(-\frac{\partial}{\partial x}\right)^n (\lambda^n/n!) \cdot$$
$$\cdot\; [G(x,t) + (-1)^n R(x,t)]W(x,t). \tag{1.47}$$

Bricht man (1.47) nach dem zweiten Glied ab, so entsteht eine F.P.G.

$$\dot{W} = -\frac{\partial\lambda}{\partial x}(G-R)W + \frac{1}{2}\frac{\partial^2\lambda^2}{\partial x^2}(G+R)W. \tag{1.48}$$

Ein Vergleich mit (1.32) ergibt nun:

$$\text{Drift-Term}\quad K = \lambda(G-R) =$$
$$= \lambda\left[\text{Rate}_{\text{ein}} - \text{Rate}_{\text{aus}}\right]$$
$$\text{Diffusionskoeffizient}\quad D = \frac{\lambda^2}{2}(G+R) = \tag{1.49}$$
$$= \frac{\lambda^2}{2}\left[\text{Rate}_{\text{ein}} + \text{Rate}_{\text{aus}}\right].$$

Die Größe λ hat dabei sinngemäß die gleiche Dimension wie die makroskopische Variable x (G und R haben die Dimension $1/s$). Beschreibt z.B. x Ladungen, dann ist λ die Elementar-Ladung.
Damit bei der zugehörigen L.G.

$$\dot{x} = K(x) + F(t)$$

eine stationäre Lösung oder ein Gleichgewicht möglich ist, muß zusätzlich das Prinzip der detaillierten Balance [3, 4] gelten:

$$K(x_0) = \lambda(G - R)_0 = 0$$
$$\text{bzw.} \qquad G_0 = R_0 .$$

$$(1.50)$$

Dementsprechend folgt für den Diffusionskoeffizienten

$$D = \lambda^2 G_0 = \lambda^2 R_0 . \tag{1.51}$$

Beispiel: Rekombination $r = n/\tau$ ($n \,\hat{=}\,$Elektronendichte, $\tau \,\hat{=}\,$ Elektronen-Lebensdauer) und thermische Generation g_{th} bei Eigenleitung (vgl. Bild 1.4). Die entsprechende L.G. lautet dann

$$\dot{n} = -r + g_{th} + F(t) = -\frac{n}{\tau} + g_{th} + F(t) \ .$$

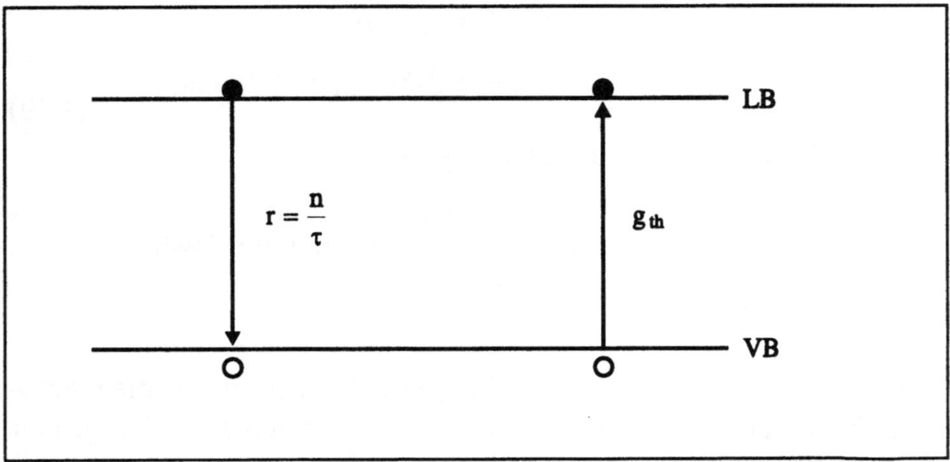

Bild 1.4:   Rekombination r von Elektronen aus dem Leitungsband LB und thermische Generation g_{th} aus dem Valenzband VB.

Im Gleichgewicht ($\dot{n} = 0; F(t) = 0$) gilt

$$n = n_0 = \tau g_{th}$$

Einführung der normierten Größe $N = n/n_0$ ergibt

$$\dot{N} = \frac{1}{\tau}(1 - N) + \frac{F(t)}{n_0} \, .$$

Mit $G = 1/\tau$ und $R = N/\tau$ (wegen Normierung ist hier $\lambda = 1$) folgt

$$K = G - R = \frac{1}{\tau}(1 - N) \, .$$

Das detaillierte Gleichgewicht fordert

$$K_0 = \frac{1}{\tau}(1 - N_0) = 0$$

also $N_0 = 1$. Somit ergibt sich für den Diffusionskoeffizienten

$$D = \frac{1}{2}(G + R)_0 = 1/\tau$$

und die AKF von $F(t)$ wird schließlich

$$\langle F(t)F(t')\rangle = 2n_0^2 D\delta(t - t') = \frac{2n_0^2}{\tau}\delta(t - t') \, .$$

Die Bestimmung von D nach den Vorschriften (1.49) bis (1.51) aus der M.G. ist immer dann erforderlich, wenn die zugehörige L.G. gegenläufige Prozesse (Generation, Rekombination; Gewinn, Verlust) und einen von Null verschiedenen stationären Zustand enthält, der auch fernab vom thermodynamischen Gleichgewicht liegen kann (vgl. Kapitel 3 bis 5). Der O.U.-Prozeß reicht dann nicht mehr zur Bestimmung von D aus, da dieser stets in den stationären Zustand Null im thermodynamischen Gleichgewicht relaxiert.

2 Van der Pol Oszillator und äquivalentes thermisches Rauschen

2.1 Normal-Moden

Zur einfachen und genauen Aufstellung der Oszillatorgleichung mit nichtlinearem Widerstand sind besonders die Normal-Moden geeignet [5], die zunächst an einer einfachen LC-Schaltung diskutiert werden (Bild 2.1).

In der Hamilton Form

$$\frac{dI}{dt} = -\frac{U}{L} \qquad \frac{dU}{dt} = \frac{I}{C} \tag{2.1}$$

sind dies 2 verkoppelte Differentialgleichungen 1. Ordnung, während die Lagrange Form

$$\frac{d^2 U}{dt^2} = -\frac{U}{LC} \tag{2.2}$$

einer entkoppelten DGl. 2. Ordnung entspricht.

Die Normal-Moden sind zwei entkoppelte DGl. 1. Ordnung. Diese

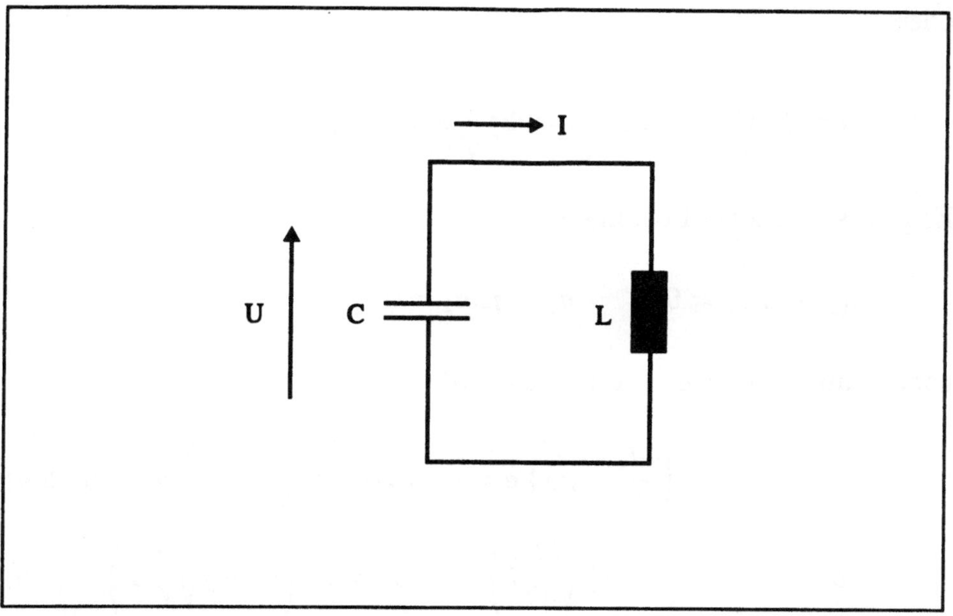

Bild 2.1: LC-Kreis zur Bestimmung der Normal-Moden

Form ist nützlich, da sie viel leichter zu lösen ist. Dabei geht man von dem Ansatz aus

$$\frac{da_i}{dt} + q_i a_i = 0, \qquad i = 1, 2 \tag{2.3}$$

und macht eine Linearkombination: $a = K(U + pI)$

$$\frac{da}{dt} + qa = K\left[\frac{dU}{dt} + p\frac{dI}{dt} + qU + qpI\right] = 0$$

$$= K\left[I(qp + \frac{1}{C}) + U(q - \frac{p}{L})\right] = 0.$$

Daraus folgt

$$qp = -\frac{1}{C} \quad \text{und} \quad q = p/L$$

oder

$$p = \pm j\sqrt{\frac{L}{C}} \quad \text{und} \quad q = \pm j\frac{1}{\sqrt{LC}} = \pm j\omega \,.$$

Es gibt somit zwei Lösungen

$$\dot{a}_1 + j\omega a_1 = 0 \qquad \dot{a}_2 - j\omega a_2 = 0$$

oder   mit $a_1 = a$ und $a_2 = a^*$

$$\left(\frac{d}{dt} + j\omega\right) a = 0 \quad \text{und} \quad \left(\frac{d}{dt} - j\omega\right) a^* = 0 \quad (2.4)$$

$$\text{mit} \quad a = K\left(U + j\sqrt{\frac{L}{C}}I\right) \qquad a^* = K\left(U - j\sqrt{\frac{L}{C}}I\right) \,. \quad (2.5)$$

Dies sind die gesuchten Normal-Moden (die Konstante K kann aus der Bedingung bestimmt werden, daß gilt: $\mid a^2 \mid + \mid a^{*2} \mid = W = $ gespeicherte Energie). Die Modenaufteilung in a und a^* hat den Vorteil, sie als entgegengesetzt rotierende Phasoren aufzufassen. Sind dann z.B. zwei Schwingkreise oder Oszillatoren schwach verkoppelt, so ist es plausibel, daß Moden, die im gleichen Sinn rotieren, stärker miteinander koppeln, als Moden, die im entgegengesetzten Sinn rotieren. Damit werden die Gleichungssysteme in der Theorie der gekoppelten Wellen [5] stark vereinfacht.

Für den Van der Pol Oszillator wird eine etwas veränderte Form der Normal-Moden gewählt [6]:

$$I = \frac{1}{2}(a + a^*) \qquad I \equiv \text{reell}$$

$$Q = \frac{1}{2}\frac{(a - a^*)}{j\omega_0} \qquad \frac{dQ}{dt} = I \equiv \text{reell} \qquad (2.6)$$

Somit gilt:

$$a = I + j\omega_0 Q$$

$$a^* = I - j\omega_0 Q \, . \tag{2.7}$$

$$\text{Mit} \quad a = Ae^{j(\omega_0 t + \varphi)} \qquad a^* = Ae^{-(j\omega_0 t + \varphi)} \tag{2.8}$$

folgt aus (2.6)

$$I = \frac{1}{2}(a + a^*) = A\cos(\omega_0 t + \varphi) \, . \tag{2.9}$$

Es ist also $| a | = A$ die Stromamplitude und φ die zugehörige Phase $(\omega_0^2 = 1/LC)$.

2.2   Serienkreis mit negativem, nichtlinearem Widerstand

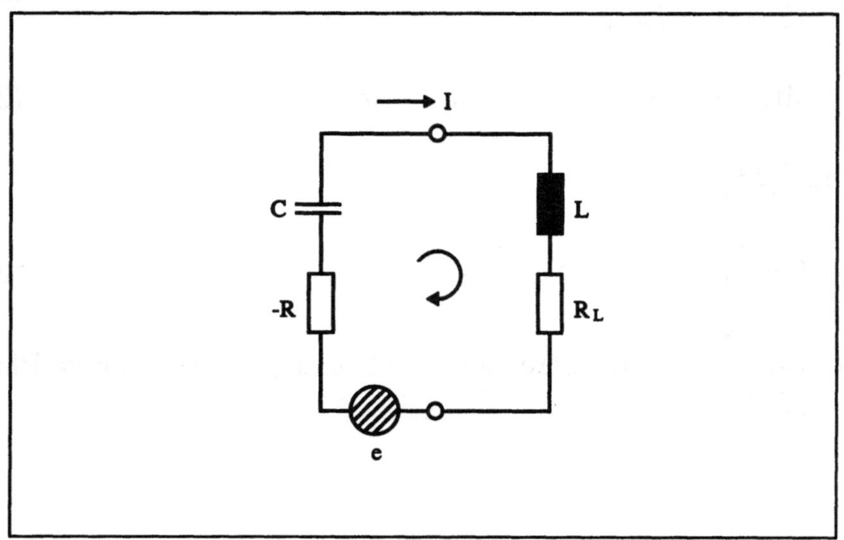

Bild 2.2:   Serienkreis mit $-R = -R(A)$: Aussteuerungsabhängiger, negativer Widerstand (z.B. Lawinenlaufzeit-Diode (Kapitel 4), Gunn-Element (Kapitel 5)): C: Diodenkapazität, R_L : Lastwiderstand, L : Lastinduktivität, e : Rauschspannungsquelle

Nach der Kirchhoff'schen Regel folgt aus Bild 2.2

$$L\frac{dI}{dt} + R_G I + \frac{Q}{C} = e(t)$$

$$R_G = R_L - R(A)\,.$$

(2.10)

Anwendung der Normal-Moden:

$$\frac{da}{dt} = \frac{dI}{dt} + j\omega_0 \frac{dQ}{dt} = \frac{dI}{dt} + j\omega_0 I$$

$$\frac{da}{dt} = -\frac{R_G}{L}I - \omega_0^2 Q + j\omega_0 I + e(t)/L$$

$$= -\frac{R_G}{2L}(a + a^*) - \frac{w_0^2}{2j\omega_0}(a - a^*) + j\frac{\omega_0}{2}(a + a^*) + \frac{e(t)}{L} \,.$$

Unter Vernachlässigung des entgegengesetzt rotierenden Phasors a^* folgt schließlich für die Langevin-Gleichung:

$$\frac{da}{dt} = -\frac{R_G}{2L}a + j\omega_0 a + \frac{e(t)}{L} \,. \tag{2.11}$$

Eine entsprechende Gleichung läßt sich auch für den anderen Modus a^* aufstellen.

Für $a(t)$ wird nun gesetzt

$$a(t) = A(t)e^{j(\omega_0 t + \varphi(t))} \tag{2.12}$$

darin ist

$$A(t)e^{j\varphi(t)}$$

die langsam veränderliche Enveloppe der Oszillatorlinie bei ω_0, und $A(t)$ bzw. $\varphi(t)$ beschreibt das AM- bzw. FM-Rauschen.

Mit

$$\dot{a} = \left[\dot{A} + j(\omega_0 + \dot{\varphi})A\right] e^{j(\omega_0 t + \varphi)}$$

wird aus (2.11)

$$\dot{A} + jA(\omega_0 + \dot{\varphi}) = -\frac{R_G}{2L}A + j\omega_0 A + \frac{e(t)}{L}e^{-j(\omega_0 t + \varphi)} \,.$$

Nach Trennung in Real-und Imaginärteil folgen die L.G. für Amplituden- und Phasenfluktuationen:

$$\frac{dA}{dt} = -\frac{A}{2L}R_G(A) + Re\left\{\frac{e(t)}{L}e^{-j(\omega_0 t+\varphi)}\right\} \tag{2.13}$$

$$\frac{d\varphi}{dt} = Im\left\{\frac{e(t)}{LA}e^{-j(\omega_0 t+\varphi)}\right\}. \tag{2.14}$$

Während (2.13) wegen $R_G(A)$ eine nichtlineare L.G. ist , stellt die zeitliche Phasenänderung (2.14) einen reinen Wiener-Prozeß dar.

2.3 Selbsterregter Oszillator

Zunächst erfolgt eine Entwicklung des negativen Widerstandes nach der Stromamplitude

$$\mid R(A) \mid = \mid R(0) \mid -A \mid R'(0) \mid -\frac{1}{2}A^2 \mid R''(0) \mid. \tag{2.15}$$

Damit ein stabiler Arbeitspunkt erreicht wird und trotzdem Selbsterregung möglich ist, muß $\mid R(A) \mid$ mit zunehmendem A abnehmen. Der Term proportional A in (2.15) muß aus Symmetriegründen verschwinden. Also parabelförmige Abnahme:

$$\mid R(A) \mid = \mid R(0) \mid -\frac{1}{2}A^2 \mid R'' \mid \tag{2.16}$$

Der Nettowiderstand ist dann

$$R_G = R_L - \mid R(0) \mid +\frac{1}{2}A^2 \mid R'' \mid \tag{2.17}$$

und (2.13) lautet damit

$$\frac{dA}{dt} = -\frac{A}{2L}\left[R_L - \mid R(0) \mid + \frac{1}{2}A^2 \mid R'' \mid\right] + {} + Re\left\{\frac{e(t)}{L}e^{-j(\omega_0 t + \varphi)}\right\}.$$

Mit den Abkürzungen

$$\alpha = \frac{\mid R(0) \mid - R_L}{2L} \tag{2.18}$$

$$\gamma = \frac{1}{4L} \mid R'' \mid \tag{2.19}$$

lautet nun die Amplituden L.G.:

$$\frac{dA}{dt} = \alpha A - \gamma A^3 + Re\left\{\frac{e(t)}{L}e^{-j(\omega_0 t + \varphi)}\right\} \tag{2.20}$$

Diese L.G. geht mit dem Ansatz (2.12) aus der eigentlichen Van der Pol Gleichung [3]

$$\ddot{a} - 2(\alpha - \gamma a^2)\dot{a} + \omega_0^2 a = e(t)$$

hervor.

Die Arbeitspunkte im eingeschwungenen Zustand $\left(\frac{dA}{dt} = 0\right)$ und für $e(t) = 0$ bei $\gamma > 0$ sind:

1) $\alpha < 0 \ : \ \mid R(0) \mid < R_L$

$$A_0\left[\mid \alpha \mid + \gamma A_0^2\right] = 0 \Longrightarrow A_{01} = 0 \ (\text{vgl.Bild 2.3}). \tag{2.21}$$

In diesem Zustand kann der Oszillator nicht anschwingen.

2) $\alpha > 0$: $|R(0)| > R_L$

$$A_0 \left[\alpha - \gamma A_0^2 \right] = 0 \Longrightarrow A_{02,3} = \pm \sqrt{\frac{\alpha}{\gamma}} \qquad (2.22)$$

und $A_{04} = 0$ (labil; vgl. Bild 2.5).

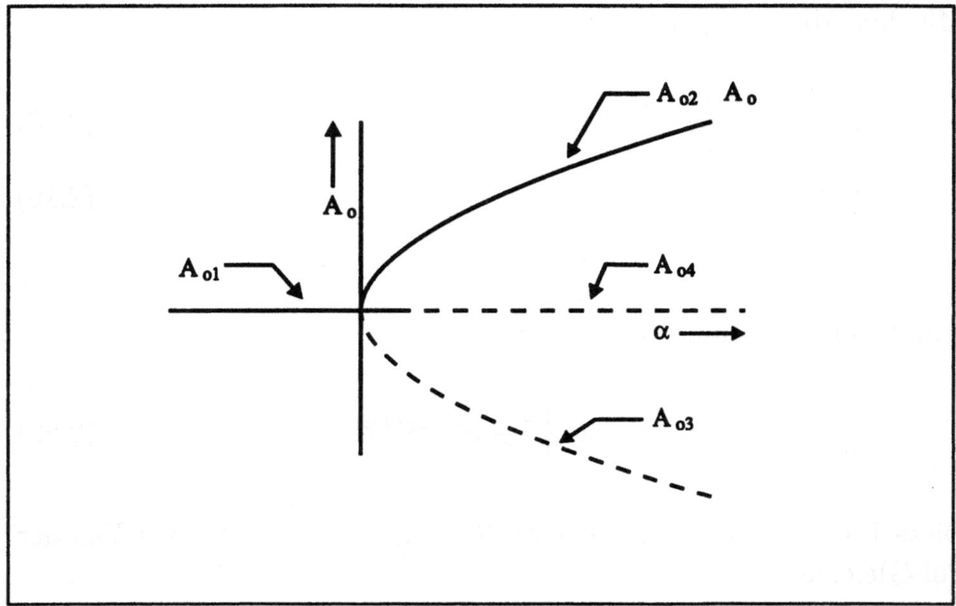

Bild 2.3: Arbeitspunkte A_{0i} als Funktion von α

Der Verlauf von A_0 als Funktion von α ist in Bild 2.3 dargestellt. Bei $\alpha = 0 (|R(0)| = R_L)$ tritt Bifurkation auf. In diesem Zustand treten „kritische Fluktuationen" und „slowing down" auf (vgl. Abschnitt 2.5). Für $\alpha > 0$ hat man auch Symmetriebrechung („symmetry breaking" z.B. wenn A ein Massenpunkt ist: gilt A_{02} oder A_{03} ?). Jedoch hier nur $|A_0| = A_0 = A_{02}$.

Bild 2.4 zeigt den Zusammenhang zwischen $|R(A)|, R_L$ und der Aus-

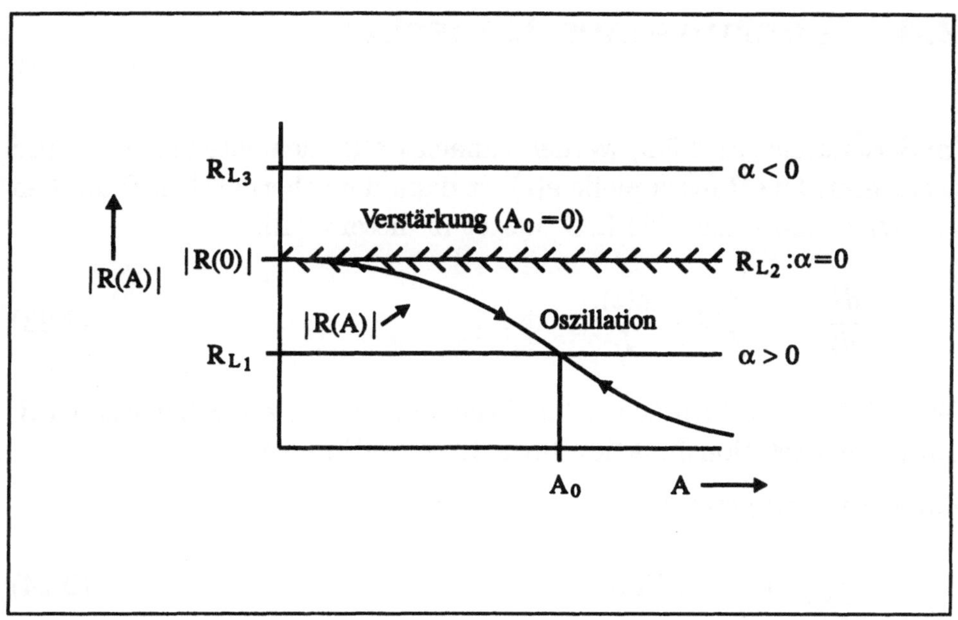

Bild 2.4: Zusammenhang zwischen Aussteuerung A, verschiedenen Lastwiderständen R_L und dem Verlauf $|R(A)|$

steuerung A. Nur für $R_L < |R(0)|$ kann der Oszillator sich selbst erregen, anschwingen und eine stabile Amplitude A_0 erreichen. Die Amplitudenstabilisierung bei A_0 (vgl. gegenläufige Pfeile) wird in den Abschnitten 2.5, 2.7 und 3.5 behandelt; diese hat eine entscheidende Bedeutung für das geringere AM-Rauschen im Vergleich zum FM-Rauschen. Für $R_L > |R(0)|$ ist keine Selbsterregung möglich ($A_0 = 0$); aber durch die Existenz eines negativen Widerstandes $-R(0)$ ist Verstärkung möglich. Bei $R_L = |R(0)|$ treten Bifurkation und kritische Fluktuationen auf.

2.4 Thermisches Rauschen

Im Serienkreis (Bild 2.2) werden zunächst alle Elemente außer R_L und L entfernt. Die Rauschquelle $e(t)$ ist dann dem thermischen Rauschen von R_L zuzuordnen. Die L.G. lautet in diesem Fall:

$$\frac{dI}{dt} = -\frac{R_L}{L}I + \frac{e(t)}{L} \, . \tag{2.23}$$

Gl.(2.23) ist ein Ornstein-Uhlenbeck-Prozeß, der dazu benutzt wird, um die Korrelationsfunktion für $e(t)$ zu bestimmen.

Zunächst wird gesetzt

$$\langle e(t)e(t')\rangle = 2D\delta(t-t') \tag{2.24}$$

worin D der noch zu bestimmende Diffusionskoeffizient ist. Es sei

$$\beta = R_L/L \quad \text{und} \quad F(t) = \frac{e(t)}{L}$$

wodurch (2.23) lautet:

$$\dot{I} = -\beta I + F(t)$$
$$\text{mit} \tag{2.25}$$
$$\langle F(t)F(t')\rangle = \frac{2D}{L^2}\delta(t-t') = 2D^*\delta(t-t') \, .$$

Nach (1.24) folgt dann für das Schwankungsquadrat des Stromes $(\tau = 0)$

$$\langle I^2\rangle = \frac{D^*}{\beta} = \frac{D \cdot L}{L^2 \cdot R_L} = \frac{D}{R_L L} \, . \tag{2.26}$$

Nach der statistischen Mechanik ist die in L gespeicherte Energie

$$W_L = \frac{1}{2}L\langle I^2\rangle = \frac{1}{2}k_B T \quad (k_B \;:\; \text{Boltzmann-Konstante})\,. \quad (2.27)$$

Somit ist

$$2D = 2k_B T R_L\,. \quad (2.28)$$

Gl. (2.28) ist das berühmte Nyquist-Theorem.
In Analogie zu dem Lastwiderstand wird nun auch ein D für den negativen Widerstand-$R(A)$ definiert

$$2D = 2k_B T_{äq}\,|R(A)| \quad (2.29)$$

mit $T_{äq}$ als äquivalenter Rauschtemperatur des negativen Widerstandes. Da im allgemeinen $T_{äq} > T$ ist, wird im Folgenden der Beitrag von R_L zum thermischen Rauschen vernachlässigt. Die Rauschspannung $e(t)$ kann komplex sein. Deshalb wird für die AKF gesetzt

$$\langle e(t)e^*(t')\rangle = 2D\delta(t - t') = 2k_B T_{äq}\,|-R|\,\delta(t - t')\,. \quad (2.30)$$

Die Rauschspannung $e(t)$ wird nun aufgeteilt in

$$e(t) = e_r(t) + je_i(t)\,. \quad (2.31)$$

worin e_r und e_i unkorreliert sind. Dann folgt

$$\langle e(t)e^*(t')\rangle = \langle e_r(t)e_r(t')\rangle + \langle e_i(t)e_i(t')\rangle$$

oder

$$\langle e_r(t)e_r(t')\rangle = \langle e_i(t)e_i(t')\rangle = \frac{1}{2}\langle e(t)e^*(t')\rangle = D\delta(t - t')\,. \quad (2.32)$$

Angenähert gilt nun [1, S.159] für die Rauscheinströmung in (2.20)

$$\frac{1}{L} Re\left\{e(t)e^{-j\psi}\right\} \simeq \frac{e_r(t)}{L} = F_A(t) \quad \psi = \omega_0 t + \varphi\,.$$

Somit lautet die AKF von $F_A(t)$

$$\langle F_A(t)F_A(t')\rangle = \frac{D}{L^2}\delta(t - t') = 2D_{AA}\delta(t - t')\,. \tag{2.33}$$

In ähnlicher Weise gilt für die Phase (2.14)

$$I_m\left\{\frac{e(t)}{AL}e^{-j\psi}\right\} \simeq \frac{e_i(t)}{AL} = F_\varphi(t)$$

also

$$\langle F_\varphi(t)F_\varphi(t')\rangle = \frac{D}{(AL)^2}\delta(t - t') = 2D_{\varphi\varphi}\delta(t - t')\,. \tag{2.34}$$

Somit lauten beide L.G. (2.20) und (2.14):

$$\frac{dA}{dt} = \alpha A - \gamma A^3 + F_A(t) \tag{2.35}$$

$$\frac{d\varphi}{dt} = F_\varphi(t)\,. \tag{2.36}$$

Diese Ergebnisse (2.33) bis (2.36) erhält man streng mit den im Anhang A.1 angegebenen Transformationen. Allerdings tritt dann in
(2.35) ein zusätzlicher, durch Rauschen induzierter Drift-Term auf,
der für das Folgende aber keine Bedeutung hat.

2.5 Potential und Phasenübergang

Mit dem Drift-Term in (2.35)

$$K = \alpha A - \gamma A^3$$

kann ein Potential $V(A)$ dargestellt werden gemäß $K(A) = -\frac{dV}{dA}$ (vgl.(1.43))

$$V = -\frac{1}{2}\alpha A^2 + \frac{\gamma}{4}A^4 . \tag{2.37}$$

Die Integrationskonstante ist unwichtig und wird zu Null gesetzt. In Bild 2.5 werden 3 Fälle unterschieden

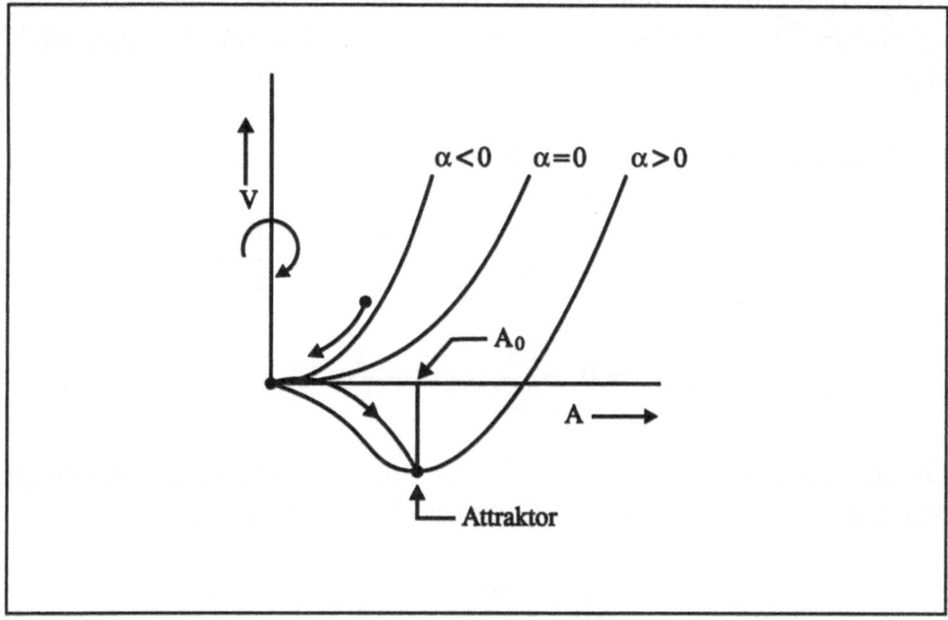

Bild 2.5: Potential $V(A)$ mit α als Parameter

1) $\alpha < O : R_L > |R(0)| \quad A = 0$ stabiler Punkt (Attraktor).

2) $\alpha = 0$: $R_L = |R(0)|$; V nimmt nun sehr schwach ($\sim \gamma A^4$) zum stabilen Punkt ab („slowing down") und F_A erzeugt große kritische Fluktuationen (vgl. unten). Vorbereitung zum Übergang von $A = 0$ zu einem neuen Zustand $A_0 = \sqrt{\alpha/\gamma}$.

3) $\alpha > 0$: $|R(0)| > R_L$; der neue Zustand $A = A_0$ ist erreicht. A_0 liegt im Minimum, also Attraktor (wie $A = 0$ für $\alpha < 0$), aber nun ist der alte Zustand($A = 0$; Maximum) labil (Repeller). Der Phasenübergang von Zustand $A = 0$ nach $A = A_0$ ist vollzogen.

In der Theorie der Phasenübergänge wird von Landau [7] α als externer Parameter bezeichnet, der am Phasenübergang das Vorzeichen wechselt. Der vorliegende Phasenübergang ist von zweiter Ordnung, da die zweite Ableitung des Potentials nach dem externen Parameter am Übergang diskontinuierlich ist (vgl. Bild 2.6; wird auch als kontinuierlicher Übergang bezeichnet, da die erste Ableitung kontinuierlich ist):

$$\alpha < 0 \Longrightarrow A_0 = 0 \qquad \alpha > 0 \Longrightarrow A_0^2 = \alpha/\gamma$$

$$\frac{\partial V}{\partial \alpha}\Big|_{A_0} = 0 \quad \frac{\partial V}{\partial \alpha}\Big|_{A_0} = -\frac{1}{2}A_0^2 = -\frac{1}{2}\alpha/\gamma$$

$$\frac{\partial^2 V}{\partial \alpha^2}\Big|_{A_0} = 0 \quad \frac{\partial^2 V}{\partial \alpha^2}\Big|_{A_0} = -\frac{1}{2\gamma} \; .$$

Da die nichtlineare D.Gl. (2.35) im allgemeinen nicht lösbar ist, erfolgt eine lokale Stabilitätsuntersuchung durch Linearisierung

$$A = A_0 + \delta A \qquad A_0 = \sqrt{\frac{\alpha}{\gamma}} \qquad \alpha, \gamma > 0$$

$$\delta \dot{A} = \alpha(A_0 + \delta A) - \gamma(A_0 + \delta A)^3 + F_A(t)$$

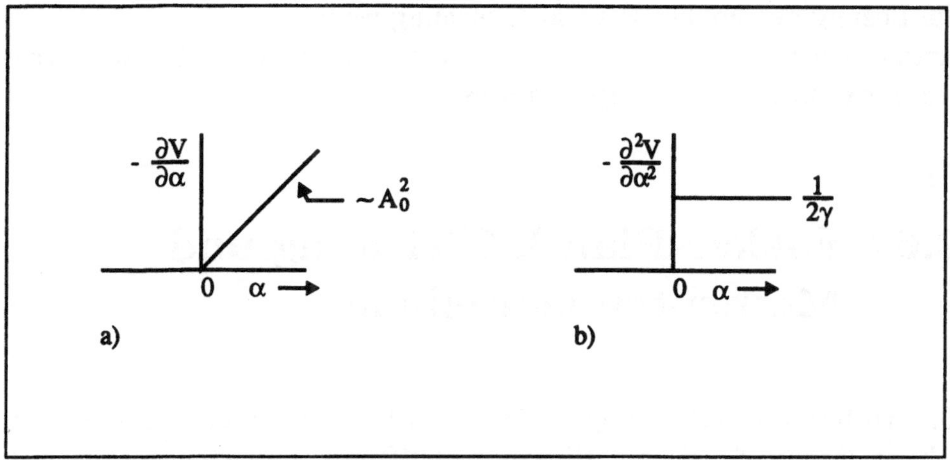

Bild 2.6:   Phasenübergang beim Van der Pol Oszillator
a) kontinuierliche erste Ableitung von V
b) diskontinuierliche zweite Ableitung von V

$$= \sqrt{\frac{\alpha^3}{\gamma} + \alpha\delta A} - \sqrt{\frac{\alpha^3}{\gamma} - 3\alpha\delta A} + F_A(t)$$
$$\delta\dot{A} = -2\alpha\delta A + F_A(t)\,. \tag{2.38}$$

Gl.(2.38) besagt, daß für $F_A(t) = 0, \delta A$ stets dem Gleichgewicht 0 zustrebt, also A_0 ein stabiler Arbeitspunkt ist. Dies ist die Amplitudenstabilisierung und beweist die gegenläufigen Pfeile in Bild 2.4. Gl. (2.38) ist ein gewöhnlicher O.U.-Prozeß, dessen Lösung für die AKF von δA lautet (vgl. (1.23)):

$$\langle \delta A(t)\delta A(t+\tau)\rangle = \frac{D}{2\alpha L^2}e^{-2\alpha|\tau|}\,. \tag{2.39}$$

Für $\alpha = 0$ wird nicht nur die Relaxationszeit $1/2\alpha$ unendlich, sondern auch die Stromfluktuationen (kritische Fluktuationen). Die Divergenz der AKF bei $\alpha = 0$ ist eine Folge davon, daß am Phasenübergang die Linearisierung versagt. Wie im Abschnitt 2.6 gezeigt wird, hilft hier

die Lösung der Fokker-Planck- Gleichung weiter.
Kritische Fluktuationen, „slowing down" und Symmetriebrechung treten stets am Phasenübergang auf [8].

2.6   Fokker-Planck-Gleichung und Momentendarstellung

Die vorliegende Gleichung (2.35) ist selbst für einen Rechner nur schwer lösbar, da sie nichtlinear im Driftterm und stochastisch mit $F_A(t)$ ist. Hier kann die Fokker-Planck-Gleichung weiterhelfen, die zwar eine partielle DGl. mit nichtlinearen Koeffizienten ist, die Variablen aber makroskopische Größen sind. Es sind also zwei L.G.(2.35 und 2.36) in die F.P.G. umzusetzen, welche in den beiden Variablen A und φ zweidimensional ist.

Die für die F.P.G. (1.31) erforderlichen Drift- und Diffusionsterme lauten (vgl. Abschnitt 2.4)

$$\begin{aligned}
K_A &= \alpha A - \gamma A^3 & D_{AA} &= D/2L^2 \\
& & D_{A\varphi} &= D_{\varphi A} = 0 \\
K_\varphi &= 0 & D_{\varphi\varphi} &= D/2(AL)^2 \,.
\end{aligned} \qquad (2.40)$$

Damit kann mit (1.31) grundsätzlich die F.P.G. für $W(A,\varphi,t)$ aufgestellt werden. Da deren Lösung sehr aufwendig ist [3, S.387] und für diesen Abschnitt die Bestimmung der stationären Momente genügen, wird hier nur die stationäre Lösung ($\frac{\partial W}{\partial t} = 0$)$W = W_0$ gesucht. Aus Symmetriegründen muß W_0 von φ unabhängig sein, da es keine Vorzugsphase gibt [3, S.384]. W_0 hängt also allein von A ab. Es sei darauf hingewiesen, daß der Diffusionskoeffizient D_{AA} (wegen $D_{AA} \sim\mid R(A)\mid$) selbst von A abhängt. Vereinfachend wird aber hier D_{AA} als konstant angenommen und beispielsweise $D_{AA} \sim R_L$ gesetzt. Mit dieser Voraussetzung kann dann für W_0 die Lösung (1.44) herangezogen werden.

Mit $K_A = \alpha A - \gamma A^3$ von (2.40) lautet dann das zugehörige Potential (vgl. (1.43) und (2.37))

$$V(A) = -\frac{\alpha}{2}A^2 + \frac{\gamma}{4}A^4 \tag{2.41}$$

und die Lösung von W_0 ist

$$W_0 = N_0 \exp\left(-V(A)/D_{AA}\right). \tag{2.42}$$

Zur numerischen Auswertung von (2.42) ist es zweckmäßig, normierte Größen einzuführen

$$P = A^2\sqrt{\frac{\gamma}{D_{AA}}} \quad \text{und} \quad \alpha_0 = \alpha/2\sqrt{\gamma D_{AA}} \tag{2.43}$$

wobei P der HF-Leistung entspricht.

Gl. (2.42) lautet damit

$$W_0 = N_0 e^{-\left(\frac{P^2}{4} - P\alpha_0\right)} = N_0 e^{\alpha_0^2} \cdot e^{-\frac{1}{4}(P-2\alpha_0)^2}. \tag{2.44}$$

Die Integrationskonstante N_0 wird aus der Normierungsbedingung

$$\int\limits_0^\infty W_0 dP = 1$$

bestimmt

$$N_0^{-1} = e^{\alpha_0^2} \int\limits_0^\infty e^{-\frac{1}{4}(P-2\alpha_0)^2} dP = F_0(\alpha_0), \tag{2.45}$$

mit

$$F_0 = \sqrt{\pi} e^{\alpha_0^2}\left[1 + \Phi(\alpha_0)\right] \tag{2.46}$$

worin $\Phi(\alpha_0)$ die Gaußsche Fehlerfunktion ist

$$\Phi(\alpha_0) = \frac{2}{\sqrt{\pi}} \int_0^{\alpha_0} e^{-x^2} dx \quad [\Phi(-\alpha_0) = -\Phi(\alpha_0)] \ . \tag{2.47}$$

In den Bildern 2.7 bis 2.9 ist $V(\bar{A})$ und $W_0(\bar{A})$ als Funktion von $\bar{A} = A(\gamma/D_{AA})^{\frac{1}{4}}$ für verschiedene α_0 dargestellt. Im nichtschwingenden Zustand (Bild 2.7; $\alpha_0 = -2$, bzw. $\alpha < 0$ [htbp] und $R_L >| R(0) |$)

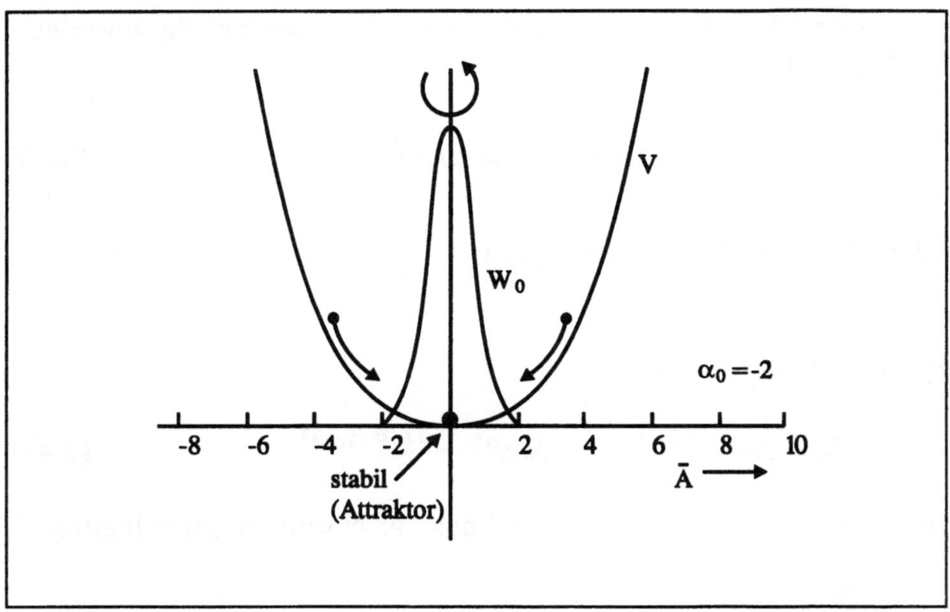

Bild 2.7: W_0 und V als Funktion von $\bar{A}$ mit $\alpha_0 = -2$

ist W_0 relativ schmal und der Zustand $\bar{A} = 0$ ist der wahrscheinlichste (Attraktor). Am Phasenübergang (Bild 2.8; $\alpha_0 = \alpha = 0$ und $R_L =| R(0) |$) ist das Potential relativ breit („slowing down") und W_0 hat bei $\bar{A} = 0$ ein breites Maximum. Dieser Zustand ist nun labil (auch andere Wahrscheinlichkeiten in der Umgebung von $\bar{A} = 0$ sind möglich). Im schwingenden Zustand (Bild 2.9; $\alpha_0 = 8$, bzw. $\alpha > 0$ und $R_L <| R(0) |$) rückt das Maximum aus $\bar{A} = 0$ zu einem stabilen Arbeitspunkt $\bar{A}_0 = \sqrt{2\alpha_0}$ (Attraktor) im Minimum des Potentials. (Der

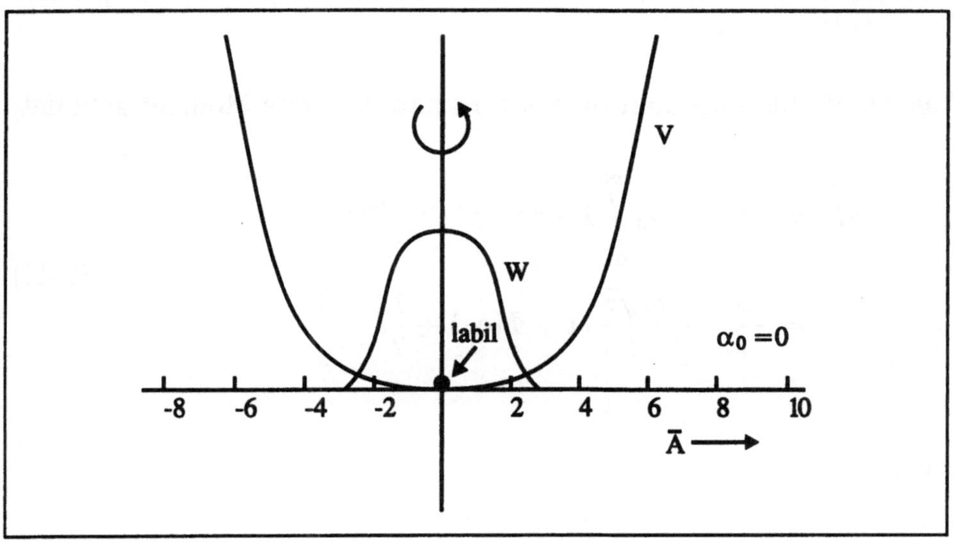

Bild 2.8: W_0 und V als Funktion von $\bar{A}$ mit $\alpha_0 = 0$

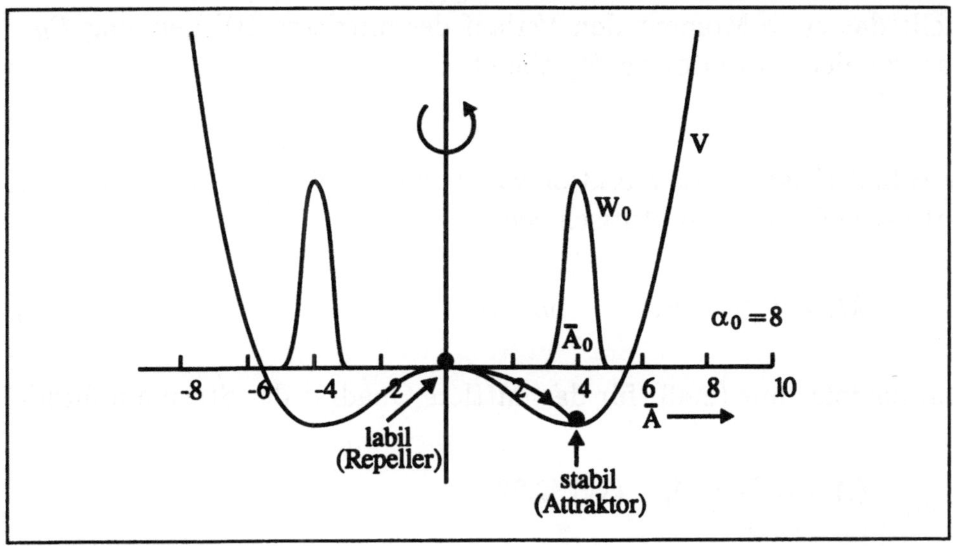

Bild 2.9: W_0 und V als Funktion von $\bar{A}$ mit $\alpha_0 = 8$

Zustand $\bar{A} = 0$ ist nach wie vor labil und entspricht einem Repeller).

Aus der Verteilungsfunktion W_0 wird nun das erste Moment gebildet

$$
\begin{aligned}
M_1 &= \langle P \rangle = N_0 \int\limits_0^\infty P \cdot e^{\alpha_0^2} \cdot e^{-\frac{1}{4}(P-2\alpha_0)^2} dP \\
&= \frac{4e^{\alpha_0^2}}{F_0} \left[\frac{\alpha_0 \sqrt{\pi}}{2}(1 + \Phi(\alpha_0) + \frac{1}{2}e^{-\alpha_0^2} \right]
\end{aligned}
\tag{2.48}
$$

bzw.:

$$
M_1 = \langle P \rangle = 2\left[\alpha_0 + 1/F_0\right] .
\tag{2.49}
$$

Wegen Normierung ist $\langle P \rangle = \langle A^2 \rangle \sqrt{\frac{\gamma}{D_{AA}}}$ und wegen $\frac{1}{2}R_L\langle A^2 \rangle = \langle P_{HF} \rangle$ stellt das erste Moment den Verlauf der mittleren HF-Leistung P_{HF} dar, die der Oszillator an R_L abgibt.

In Bild 2.10 ist M_1 als Funktion von α_0 dargestellt. Für große $\alpha_0(F_0 \to \infty)$ verläuft M_1 asymptotisch wie

$$
M_1 = \langle P \rangle = 2\alpha_0 \qquad \text{für} \quad \alpha_0 \to \infty .
\tag{2.50}
$$

Daraus folgt mit (2.43) für das mittlere Quadrat der Stromamplitude

$$
\langle A^2 \rangle = \frac{\alpha}{\gamma} = A_0^2 \quad (\text{vgl.}(2.22)) .
$$

Die mittlere HF-Leistung ist somit $\langle P_{HF} \rangle = \frac{1}{2}A_0^2 R_L$.

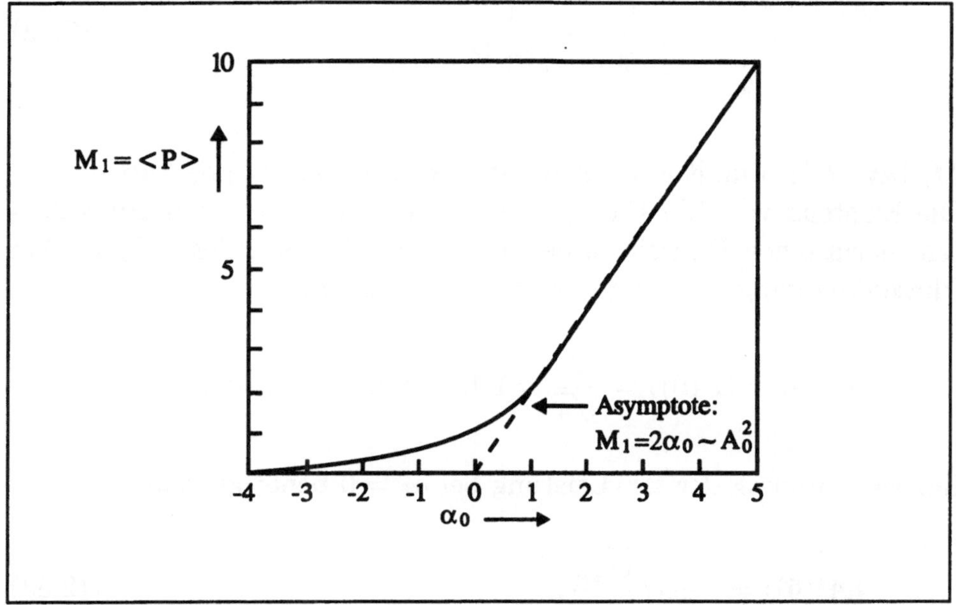

Bild 2.10: Verlauf des Moments M_1 (entspricht der HF-Leistung) als Funktion von α_0. Für $\alpha_0 \geq 0$ entspricht die Abszisse der stationären Stromamplitude A_0

Auch für große negative α_0 existiert eine Näherung. Dazu benötigt man die asymptotische Darstellung von F_0:

$$\lim_{\alpha_0 \to -\infty} F_0(\alpha_0) = \sqrt{\pi} e^{\alpha_0^2} \cdot$$

$$\cdot \left[1 - 1 + \frac{2}{\sqrt{\pi}} \frac{e^{-\alpha_0^2}}{2 \mid \alpha_0 \mid} \left(1 - \frac{1}{2\alpha_0^2} - \frac{3}{4\alpha_0^4} \right) \right]$$

$$\simeq \frac{1}{\mid \alpha_0 \mid} \left[1 - \frac{1}{2\alpha_0^2} + \frac{3}{4\alpha_0^4} \right] \tag{2.51}$$

mit der sich M_1 darstellen läßt wie

$$\lim_{\alpha_0 \to -\infty} M_1 = 2 \left[- \mid \alpha_0 \mid + \frac{\mid \alpha_0 \mid}{1 - \frac{1}{2\alpha_0^2} + \frac{3}{4\alpha_0^4}} \right] \simeq$$

$$\simeq \frac{1}{\mid \alpha_0 \mid} - \frac{1}{\mid \alpha_0 \mid^3} \tag{2.52}$$

M_1 bzw. $\langle P \rangle$ nimmt also für $\alpha_0 \to -\infty$ rasch wie $1/\mid \alpha_0 \mid$ ab.
Die Existenz von $\langle P \rangle$ für $\alpha_0 \leq 0$ ist allein die Folge des äquivalenten thermischen Rauschens des negativen Widerstandes $-R(A)$. Am
Phasenübergang $\alpha_0 = 0$ gilt $F_0 = \sqrt{\pi}$ und somit für

$$M_1(0) = \langle P(0) \rangle = \frac{2}{\sqrt{\pi}} = 1.12 \quad \text{(vgl. Bild 2.10)} \, .$$

Zur Bestimmung der HF-Leistung bei $\alpha_0 = 0$ benötigt man

$$\langle A^2(0) \rangle = \frac{2}{\sqrt{\pi}} \sqrt{\frac{D_{AA}}{\gamma}} \, . \tag{2.53}$$

Mit

$$D_{AA} = \frac{D}{2L^2} = \frac{k_B T_{äq} R_L}{2L^2} \quad (\mid R \mid = R_L)$$

sowie mit

$$\gamma = \frac{\mid R'' \mid}{4L}$$

und der Beziehung

$$L = Q_{ext} R_L / \omega_0$$

worin Q_{ext} die externe Güte des Kreises ist, wird aus (2.53)

$$\langle A^2(0) \rangle = \frac{2}{\sqrt{\pi}} \left[\frac{k_B T_{äq} R_L 4L}{2L^2 \mid R'' \mid} \right]^{1/2} = 4 \left[\frac{k_B T_{äq} f_0}{Q_{ext} \mid R'' \mid} \right]^{1/2} \, .$$

Beispiel: $T_{äq} = 500K$, $Q_{ext} = 10^3$, $f_0 = 10^{10}Hz$, $k_B = 1,38 \cdot 10^{-22}Ws/K$.
$|R''|$ kann aus der Bedingung abgeschätzt werden, daß im stationären
Arbeitspunkt A_0 gelten muß (vgl. Bild 2.4 und (2.16)): $R_L = |R(A_0)| = |R(0)| - \frac{1}{2}A_0^2 \cdot |R''(0)|$. Mit $R_L = 2\Omega$ und $|R(0)| = 4\Omega$ und $A_0 = 100mA$
ergibt sich daraus $|R''| = 400\Omega/A^2$. Der Zahlenwert für $\sqrt{\langle A^2(0)\rangle}$
ist dann $230\mu A$ und die Rauschleistung P_n am Phasenübergang ist
$P_n = \frac{1}{2}R_L\langle A^2(0)\rangle \simeq 50nW$.

Von Bedeutung ist auch die Varianz der Leistung. Die Varianz der
Leistung ist definiert als

$$\begin{aligned}
\sigma_p^2 &= \langle \delta P^2 \rangle = \langle (P - \langle P \rangle)^2 \rangle = \\
&= \int_0^\infty (P^2 - 2P\langle P\rangle + \langle P\rangle^2)W_0(P)dP \\
&= M_2 - M_1^2 \quad \text{vgl. (1.37)}.
\end{aligned}$$

$$(2.54)$$

Darin ist M_2 das zweite Moment, für welches die Rekursionsformel [3, S.385] gilt:

$$M_2 = 2(1 + \alpha_0 M_1)$$

und somit für σ_p^2 geschrieben werden kann

$$\sigma_p^2 = 2 + M_1(2\alpha_0 - M_1) = 2 + \langle P\rangle(2\alpha_0 - \langle P\rangle). \qquad (2.55)$$

Aus der Darstellung $\sigma_p^2 = \langle \delta P^2 \rangle$ geht gemäß (1.8) hervor, daß σ_p^2 der
Mittelwert des Quadrats der Rauschleistung ist. Aus (2.55) folgt, daß
für $\alpha_0 \to \infty$ der zweite Term verschwindet (vgl. 2.50) und σ_p^2 den
Grenzwert 2 annimmt.
Für $\alpha_0 \to -\infty$ wird

$$M_1 = \frac{1}{|\alpha_0|} - \frac{1}{|\alpha_0|^3} \quad \text{(vgl. 2.52)}$$

und

$$\lim_{\alpha_0 \to -\infty} \sigma_p^2 = 2 + M_1(-2 \mid \alpha_0 \mid -M_1)$$

$$= 2 - \left(\frac{1}{\mid \alpha_0 \mid} - \frac{1}{\mid \alpha_0 \mid^3}\right) \cdot$$

$$\cdot \left(2 \mid \alpha_0 \mid + \frac{1}{\mid \alpha_0 \mid} - \frac{1}{\mid \alpha_0 \mid^3}\right) =$$

$$= \frac{1}{\alpha_0^2} + \frac{2}{\alpha_0^4}$$

strebt also wie $1/\alpha_0^2$ gegen Null.

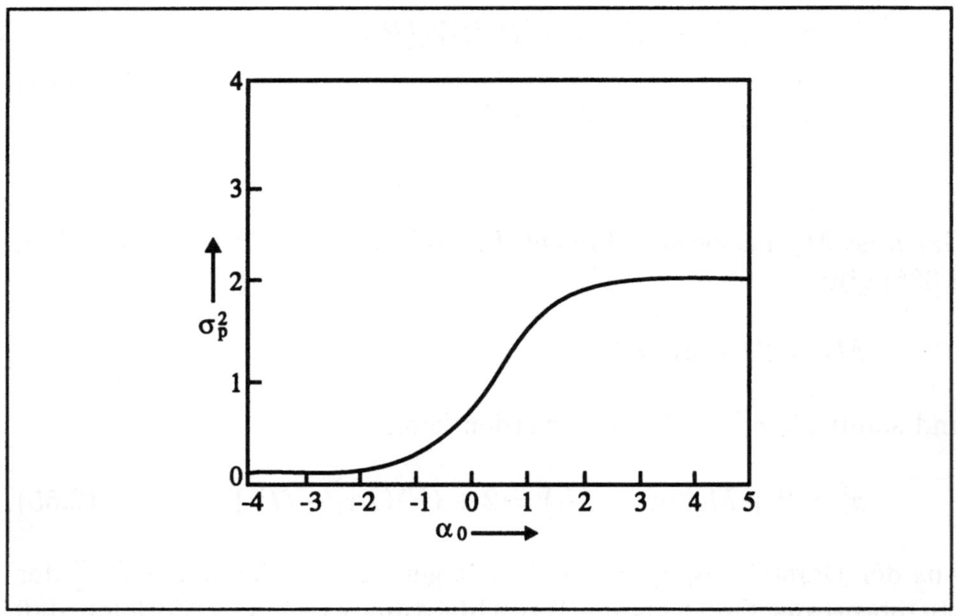

Bild 2.11: Varianz der Leistung σ_p^2 als Funktion von α_0

Am Phasenübergang ($\alpha_0 = 0$) ist $M_1 = 2/\sqrt{\pi}$ und $\sigma_p^2(0) = 2 - M_1^2(0) = 2 - \frac{4}{\pi} = 0,726$.

Bild 2.11 zeigt den gesamten Verlauf der Leistungsvarianz σ_p^2. Für $\alpha_0 \geq 0$, also mit zunehmender Amplitude A_0 bzw. HF-Leistung $\langle P \rangle$, wird σ_p^2 rasch gesättigt. Die Rauschleistung ist dann viel kleiner als der Mittelwert der Leistung $\langle P \rangle$. Dies kann auch anschaulich aus der Darstellung der relativen Varianz $\sigma_{rel}^2 = \sigma_p^2/\langle P \rangle^2$ entnommen werden, welche mit zunehmendem α_0 rasch verschwindet (vgl. Bild 3.6).

2.7 AM- und FM-Rauschen

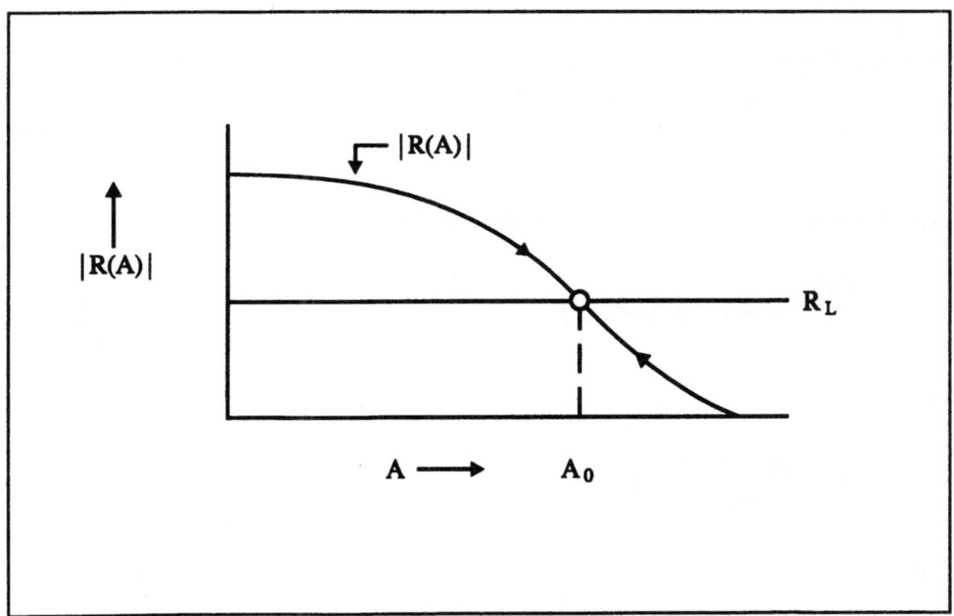

Bild 2.12: Entwicklung von $|R(A)|$ um den stabilen Arbeitspunkt A_0

Nach dem Einschwingvorgang erreicht die Oszillatoramplitude A den stationären Wert A_0 im Kreuzungspunkt von $|R(A_0)| = R_L$ (Bild 2.12). Um den Arbeitspunkt von A_0 wird nun eine Störung δA

$$A = A_0 + \delta A \tag{2.56}$$

zugelassen. Damit ist es sinnvoll, den negativen Widerstand am Arbeitspunkt linear zu entwickeln

$$| R(A_0 + \delta A) | = | R(A_0) | - \delta A | R'(A_0) | \qquad (2.57)$$

und der Nettowiderstand in (2.13) wird

$$\begin{aligned} R_G &= R_L - | R(A_0 + \delta A) | \\ &= R_L - | R(A_0) | + \delta A | R'(o) | . \end{aligned}$$

Da im Arbeitspunkt $R_L = | R(A_0) |$ ist (vgl. Bild 2.12),wird

$$R_G = \delta A | R' | . \qquad (2.58)$$

Damit lautet (2.13) zusammen mit (2.33)

$$\frac{d\delta A}{dt} = -\beta\delta A + F_A(t) \qquad (2.59)$$

mit

$$\beta = \frac{A_0 | R' |}{2L} > 0$$

und

$$\langle F_A(t)F_A(t - \tau)\rangle = \frac{D}{L^2}\delta(\tau) = 2D_{AA}\delta(\tau) .$$

Gl.(2.59) ist ein O.U.-Prozeß mit dem Gleichgewichtszustand $\delta A_0 = 0$, d.h. jede Störung aus dem Arbeitspunkt A_0 wird mit der Zeitkonstante $1/\beta$ ausgeglichen. Somit ist $A = A_0$ ein stabiler Arbeitspunkt (vgl. beide entgegengerichteten Pfeile in Bild 2.12) und der O.U.-Prozeß bewirkt die Amplituden- Stabilisierung((2.59) darf nicht mit (2.38) verwechselt werden, für die ein parabolischer Verlauf von $-R(A)$ vorausgesetzt ist). Die Lösung der stationären F.P.G für den O.U.-Prozeß ist bekannt (vgl. Abschnitt 1.3) und lautet mit den neuen Parametern

$$W_0 = N_0 \exp - \left(\frac{\beta \delta A^2}{2 D_{AA}} \right)$$

$$N_0 = \sqrt{\frac{\beta}{2\pi D_{AA}}} \, .$$

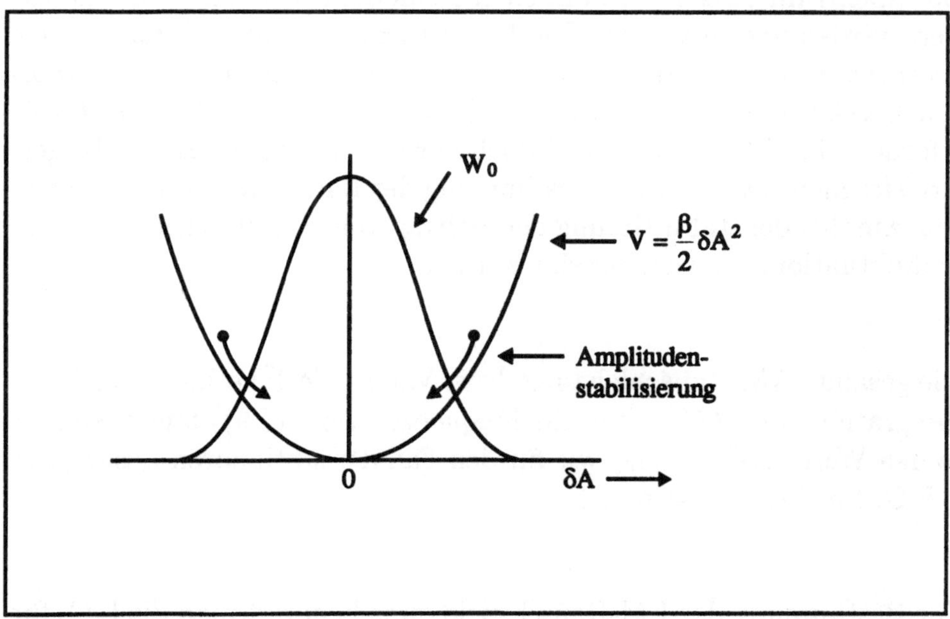

Bild 2.13: Parabolisches Potential V des O.U.-Prozesses mit der zugehrigen stationären Verteilung W_0

Diese Gauß-Verteilung (Bild 2.13) hat den Mittelwert $M_1 = \langle \delta A \rangle = 0$ und als Varianz den Wert $\sigma^2 = \langle \delta A^2 \rangle = \frac{D}{2\beta L^2}$. Der wahrscheinlichste Zustand ist wegen Amplitudenstabilisierung $\delta A = 0$.

Das AM-Rauschspektrum erhält man aus (2.59) durch Fourier- Transformation. Dazu wird gesetzt $\delta A \sim e^{j\Omega t}$. Dabei ist Ω die sogenannte Modulationskreisfrequenz oder die Ablage-Kreisfrequenz vom Träger mit der Kreisfrequenz ω_0 (vgl.(2.8) und (2.9) sowie Bild 2.14). Für die spektrale Dichte $S_A(\Omega)$ des AM-Rauschens ergibt sich für diesen O.U.-Prozeß (vgl.(1.29)):

$$S_A(\Omega) = \langle |\, \delta A(\Omega)\, |^2 \rangle$$
$$= D/L^2(\Omega^2 + \beta^2)\,. \tag{2.60}$$

Das Spektrum $S_A(\Omega)$ kann mit einer Demodulator-Diode direkt detektiert werden und mit einem Pegelmesser (Bandbreite Δf) zur Anzeige gebracht werden. $S_A(\Omega)$ (bzw. dessen AKF) ist auch zur vollständigen Beschreibung des Leistungsspektrums $S_a(\omega)$ (vgl.Abschnitt 2.8) erforderlich. Mißt man $S_a(\omega)$ jedoch nur in der Umgebung der Träger-Kreisfrequenz ω_0 (z.B. zur Bestimmung der Linienbreite), so kann wegen Amplitudenstabilisierung der Beitrag von $S_A(\Omega)$ gegenüber Phasenfluktuationen vernachlässigt werden.

Die gesamte AM-Rauschleistung, bzw. Varianz $\langle \delta A^2 \rangle$ erhält man durch Integration von (2.60) über alle Frequenzen (vgl. (1.9)) und bekommt so den Wert $\langle \delta A^2 \rangle = \frac{D}{2\beta L^2}$ wie für den Fall der stationären Lösung der F.P.G. für den O.U.-Prozeß.

Zur Bestimmung des FM-Rauschspektrums benötigt man die L.G. für die Phase (2.36). Durch die Linearisierung des negativen Widerstandes am Arbeitspunkt A_0 ist nun im Diffusionskoeffizient $D_{\varphi\varphi}$ (2.34) A durch A_0 zu ersetzen. Der Wiener-Prozeß für die zeitliche Änderung der Phase φ lautet somit

$$\frac{d\varphi}{dt} = F_{\varphi 0}(t) \tag{2.61}$$

mit

$$\langle F_{\varphi 0}(t) F_{\varphi 0}(t + \tau)\rangle = \frac{D}{(LA_0)^2}\delta(\tau)\,.$$

Durch Fourier-Transformation lautet das Spektrum für $\dot{\varphi}$:

$$S_{\dot{\varphi}}(\Omega) = \langle |\,\dot{\varphi}(\Omega)\,|^2\rangle = \frac{D}{(LA_0)^2}\,. \tag{2.62}$$

Dieses Spektrum ist "weiß" und nimmt mit zunehmender Leistung $(\sim A_0^2)$ umgekehrt proportional ab.

Bei sinusförmiger Frequenzmodulation gilt für die momentane Kreisfrequenz

$$\dot{\varphi}(t) = 2\pi\Delta F sin(2\pi f_m t)$$

worin f_m die Modulationsfrequenz und ΔF der Frequenzhub ist. Analog gilt für die spektrale Dichte der zeitlichen Phasenänderung, wenn innerhalb der Bandbreite Δf gemessen wird

$$\langle |\,\dot{\varphi}\,|^2_{\Delta f}\rangle = (2\pi)^2\langle \delta f^2\rangle\,. \tag{2.63}$$

In (2.63) ist demnach $\langle \delta f^2\rangle$ die Varianz des Frequenzhubs und entspricht nach (1.9) bzw. (1.10) der gesamten FM-Rauschleistung im Meßband Δf. In der FM-Rauschmeßtechnik wird $\langle \delta f^2\rangle$ meist durch den Effektivwert $\delta f_{eff} = \sqrt{\langle \delta f^2\rangle}$ dargestellt. Dabei wird δf_{eff} mit einem Pegelmesser (Bandbreite Δf) gemessen, nachdem das FM- Rauschen an der Flanke der Durchlaß-Kennlinie eines Topf-Resonators hoher Güte in AM-Rauschen konvertiert wurde.
Mit $\langle |\,\dot{\varphi}\,|^2_{\Delta f}\rangle = 2S_{\dot{\varphi}}(\Omega)\Delta f$ (vgl.(1.10)und (2.62)) folgt schließlich für den Effektivwert der mittleren Frequenzabweichung

$$\delta f_{eff} = \frac{\sqrt{2D\Delta f}}{2\pi A_0 L}\,.$$

Mit der externen Güte $Q_{ex} = L\Omega_0/R_L$ und der an R_L abgegebenen HF-Leistung $P_0 = \frac{1}{2}R_L A_0^2$
sowie

$$2D = 2k_B T_{äq} R_L \qquad (\mid R \mid = R_L)$$

folgt für δf_{eff}

$$\delta f_{eff} = \frac{f_0}{Q_{ext}}\sqrt{\frac{k_B T_{äq}\Delta f}{P_0}} \qquad \text{im Zweiseitenband.} \qquad (2.64)$$

Mit der Definition des Rauschmaßes

$$M = T_{äq}/T_0 \qquad (2.65)$$

lautet (2.64) nun

$$\delta f_{eff} = \frac{f_0}{Q_{ext}}\sqrt{\frac{M k_B T_0 \Delta f}{P_0}}. \qquad (2.66)$$

Das Rauschmaß wird aus gemessenem δf_{eff} mit Hilfe von (2.66) ermittelt; M hat den Vorteil, unabhängig von Kreisparametern (Q_{ext}, f_0) zu sein.

Beispiel: $f_0 = 10^{11} Hz, Q_{ext} = 10^2, P_0 = 0,1W, M = 1000\ (30 dB)$:
$$\delta f_{eff}/\sqrt{\Delta f} \simeq 20 Hz/\sqrt{Hz}.$$

2.8   Leistungsspektrum

Gesucht wird das Leistungsspektrum $S_a(\omega)=\langle |a(\omega)|^2\rangle$. Nach (1.5) ist hierzu die AKF $\langle a(t)a^*(t-\tau)\rangle$ notwendig, deren Fourier-Transformation das gesuchte Leistungsspektrum ergibt. Mit $t - \tau = 0$

und $a(t) = [A_0 + \delta A(t)]\, e^{j[\omega_0 t + \varphi(t)]}$ ergibt sich für die AKF [6]

$$\langle a(\tau)a^*(0)\rangle = \langle (A_0 + \delta A(\tau))e^{j[\omega_0\tau + \varphi(\tau)]} \cdot$$
$$\cdot\, (A_0 + \delta A(0))e^{-j\varphi(0)}\rangle\,. \tag{2.67}$$

Wegen Amplitudenstabilisierung werden nun AM-Fluktuationen vernachlässigt ($\delta A = 0$): Damit wird aus (2.67):

$$\langle a(\tau)a^*(0)\rangle = A_0^2 \langle e^{j[\varphi(\tau)-\varphi(0)]}\rangle e^{j\omega_0\tau}\,. \tag{2.68}$$

Die Berechnung von $\langle e^{j[\varphi(\tau)-\varphi(0)]}\rangle$ erfolgt mit der zeitabhängigen F.P.G. (1.31), welche bei Vernachlässigung der Amplituden-Abhängigkeit $\left(\frac{\partial}{\partial A} = \frac{\partial}{\partial \delta A} = 0\right)$ lautet:

$$\frac{\partial W}{\partial t} = D_{\varphi\varphi}\frac{\partial^2 W}{\partial \varphi^2}$$
$$\text{mit}\quad D_{\varphi\varphi} = D/2(A_0 L)^2 \quad (\text{vgl. } (2.34) \text{ mit}\quad A = A_0)\,. \tag{2.69}$$

Diese F.P.G. entspricht einer Diffusionsgleichung mit der Phase φ als Ortskoordinate. Mit $t = \tau$ und der Anfangsbedingung

$$W(\varphi, 0) = \delta\left(\varphi(\tau) - \varphi(0)\right)$$

lautet die Lösung von (2.69) (vgl. (1.34)):

$$W(\varphi, \tau) = \frac{1}{\sqrt{\pi 4 D_{\varphi\varphi}\tau}}\exp - \left[\frac{(\varphi(\tau)-\varphi(0))^2}{4 D_{\varphi\varphi}\tau}\right]\,. \tag{2.70}$$

Daraus ist ersichtlich, daß die Phase eine „Brownsche-Bewegung" vollführt und daß die Phase diffundiert [6]. Außerdem ist die Phasendifferenz eine Gaußsche Variable. Mit (2.70) erhält man für die Varianz der Phasendifferenz

$$
\begin{aligned}
\sigma^2 &= \langle (\varphi(\tau) - \varphi(0))^2 \rangle = \int\limits_{-\infty}^{+\infty} [\varphi(\tau) - \varphi(0)]^2 \, W(\varphi, \tau) d\varphi \\
&= \frac{1}{\sqrt{4\pi D_{\varphi\varphi}\tau}} \int\limits_{-\infty}^{+\infty} x^2 exp\left(-\frac{x^2}{4D_{\varphi\varphi}\tau}\right) dx = 2D_{\varphi\varphi}\, |\,\tau\,| \ .
\end{aligned}
$$

$$(2.71)$$

Die Varianz der Phasendifferenz erhält man auch leichter aus dem Wiener-Prozeß in der L.G.-Form (vgl. (1.16) und (2.61))

$$
\frac{d\varphi}{dt} = F_{\varphi 0}(t) \ .
$$

Integration ergibt $\varphi(t) = \varphi(0) + \int\limits_0^t F_{\varphi 0}(t')dt'$.

Daraus folgt für die Varianz:

$$
\begin{aligned}
\langle (\varphi(\tau) - \varphi(0))^2 \rangle &= \int\limits_0^\tau dt' \cdot \int\limits_0^\tau \langle F_{\varphi 0}(t') F_{\varphi 0}(t'') \rangle dt'' \\
&= 2D_{\varphi\varphi} \int\limits_0^\tau dt' \int\limits_0^\tau \delta(t' - t'')dt'' = 2D_{\varphi\varphi}\, |\,\tau\,| \ .
\end{aligned}
$$

Die Varianz der Phasendifferenz diffundiert proportional mit τ. Für die Phase gibt es also keinen Rückstellmechanismus wie bei der Amplitudenstabilisierung. Deshalb ist bei Oszillatoren das Phasenrauschen erheblich größer als das AM-Rauschen (vgl. Abschnitt 2.9). Damit ist aber die Aussagekraft des Wiener-Prozesses erschöpft. Denn zur Berechnung des Momentes $\langle e^{j(\varphi(\tau) - \varphi(0))} \rangle$ in (2.68) ist nun einmal die

Verteilungsfunktion $W(\varphi, \tau)$ (2.70) erforderlich, die mit Einführung der Varianz nun lautet:

$$W(\varphi, \tau) = \frac{1}{\sqrt{2\pi\sigma^2}} e^{-[\varphi(\tau)-\varphi(0)]^2/2\sigma^2} \, .$$

Damit erhält man für

$$\langle e^{j[\varphi(\tau)-\varphi(0)]} \rangle = \frac{1}{\sqrt{2\pi\sigma^2}} \int\limits_{-\infty}^{+\infty} e^{j[\varphi(\tau)-\varphi(0)]} \cdot e^{-[\varphi(\tau)-\varphi(0)]^2/2\sigma^2} \, d\varphi \, . \tag{2.72}$$

Mit $x = [\varphi(\tau) - \varphi(0)]$ wird daraus

$$\langle e^{j[\varphi(\tau)-\varphi(0)]} \rangle = \frac{1}{\sqrt{2\pi\sigma^2}} \int\limits_{-\infty}^{+\infty} e^{jx} \cdot e^{-\frac{x^2}{2\sigma^2}} \, dx \, .$$

Durch Umformung von

$$\frac{x^2}{2\sigma^2} - jx = \frac{x^2 - 2j\sigma^2 x}{2\sigma^2} = \frac{(x - j\sigma^2)^2 + \sigma^4}{2\sigma^2}$$

wird

$$\langle e^{j[\varphi(\tau)-\varphi(0)]} \rangle = \frac{e^{-\frac{\sigma^2}{2}}}{\sqrt{2\pi\sigma^2}} \int\limits_{-\infty}^{+\infty} e^{-\frac{(x-j\sigma^2)^2}{2\sigma^2}} \, dx = e^{-\sigma^2/2}$$

und man erhält das wichtige Resultat

$$\langle e^{j[\varphi(\tau)-\varphi(0)]} \rangle = e^{-\frac{1}{2}\langle(\varphi(\tau)-\varphi(0))^2\rangle} = e^{-D_{\varphi\varphi}|\tau|} \, . \tag{2.73}$$

Die AKF von a lautet damit

$$\langle a(\tau)a^*(0) \rangle = A_0^2 e^{j\omega_0\tau} \cdot e^{-D_{\varphi\varphi}|\tau|} \, . \tag{2.74}$$

Gemäß (1.5) folgt für das Leistungsspektrum

$$S_a(\omega) = \langle |\, a(\omega)\, |^2 \rangle = A_0^2 \int\limits_{-\infty}^{+\infty} e^{-D_{\varphi\varphi}|\tau| - j(\omega - \omega_0)\tau}\, d\tau \qquad (2.75)$$

bzw.:

$$S_a(\omega) = 2A_0^2 \cdot \frac{D_{\varphi\varphi}}{(\omega - \omega_0)^2 + D_{\varphi\varphi}^2}\, .$$

Für die Kreisfrequenzdifferenz wird gesetzt

$$\omega - \omega_0 = \Omega \qquad (2.76)$$

darin ist Ω die Ablage vom Träger ω_0 (vgl. Bild 2.14). Für das auf $\Omega = 0$ normierte Lorentz-Spektrum folgt

$$\frac{S_a(\Omega)}{S_a(0)} = \frac{D_{\varphi\varphi}^2}{\Omega^2 + D_{\varphi\varphi}^2}\, .$$

Daraus bestimmt sich die Ablagekreisfrequenz $\Omega_{1/2}$, bei der das normierte Spektrum auf die Hälfte abgesunken ist (vgl. Bild 2.14),

$$\frac{S_a(\Omega_{1/2})}{S_a(0)} = \frac{D_{\varphi\varphi}^2}{\Omega_{1/2}^2 + D_{\varphi\varphi}^2} = \frac{1}{2}$$

zu

$$\Omega_{1/2} = D_{\varphi\varphi}\, . \qquad (2.77)$$

Aus (2.77) folgt für die volle Linienbreite $\Delta\nu$ (FWHM: Fullwidth at half maximum)

$$\Delta\nu = 2 \cdot \frac{\Omega_{1/2}}{2\pi} = \frac{2D_{\varphi\varphi}}{2\pi} = \frac{D}{2\pi(LA_0)^2}\, . \qquad (2.78)$$

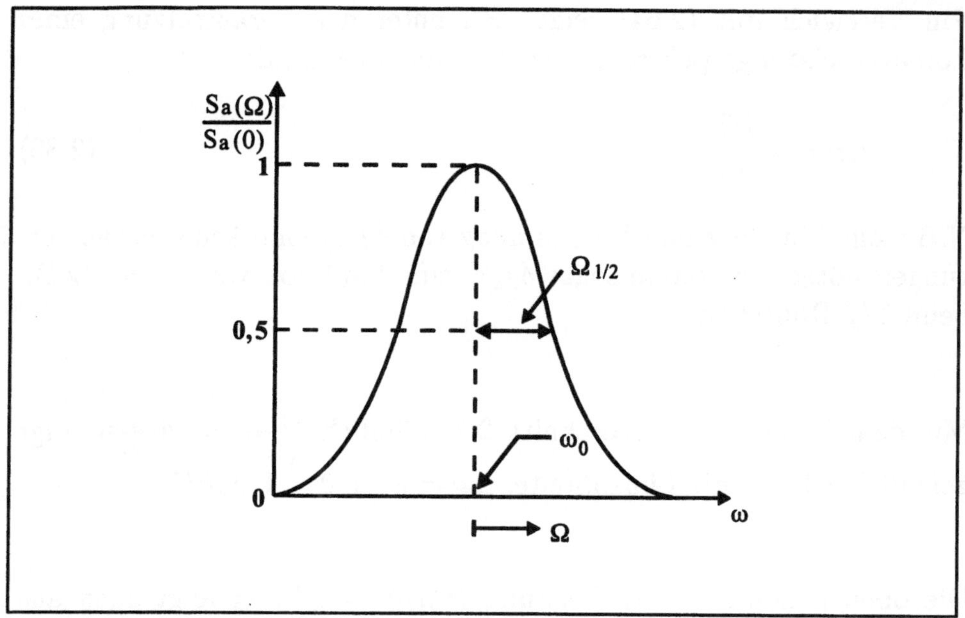

Bild 2.14: Normiertes Leistungsspektrum als Funktion der Ablage-
kreisfrequenz $\Omega = \omega - \omega_0$

Mit den Größen

$$2D = 2k_B T_{äq} R_L\,, \quad L = \frac{Q_{ext}R_L}{\omega_0} \quad \text{und} \quad P_0 = \frac{1}{2}A_0^2 R_L$$

folgt für

$$\Delta\nu = \frac{k_B T_{äq} R_L \omega_0^2}{2\pi Q_{ext} R_L^2 \cdot 2P_0/R_L}$$

und somit schließlich

$$\Delta\nu = \frac{\pi \cdot k_B T_{äq} f_0^2}{Q_{ext}^2 P_0}\,. \tag{2.79}$$

Ein Vergleich mit (2.64) zeigt, daß unter der Voraussetzung eines Lorentz-Leistungsspektrums der Zusammenhang gilt

$$\Delta\nu = \frac{\pi \delta f_{eff}^2}{\Delta f} \,.$$

$$(2.80)$$

N.B.: Zur Messung und Bestimmung von δf_{eff} sind keine Voraussetzungen nötig. Es könnte sogar δf_{eff} eine Funktion von Ω sein (z.B.: beim $1/f$ Rauschen).

Mit dem Beispiel von Abschnitt 2.7, nämlich $\frac{\delta f_{eff}}{\sqrt{\Delta f}} = 20 \frac{Hz}{\sqrt{Hz}}$ folgt gemäß (2.80) für die Linienbreite: $\Delta\nu = \pi \cdot 400 = 1,25 kHz$.

Die oben eingeführte HF-Leistung $\langle P_{HF} \rangle = \frac{1}{2} R_L A_0^2$ folgt auch aus (1.7)

$$\begin{aligned}
\langle P_{HF} \rangle &= \frac{1}{2} R_L \int\limits_{-\infty}^{+\infty} \langle | a(\omega) |^2 \rangle df \\
&= \frac{1}{2} R_L \cdot \frac{2 A_0^2}{2\pi} \int\limits_{-\infty}^{+\infty} \frac{D_{\varphi\varphi} d\Omega}{\Omega^2 + D_{\varphi\varphi}^2} = \frac{1}{2} R_L A_0^2 \,.
\end{aligned}$$

$$(2.81)$$

2.9 Vergleich zwischen AM- und FM-Rauschleistung

Die im Zwei-Seitenband enthaltene AM-Rauschleistung ist

$$N_{AM} = \frac{1}{2} R_L \langle | \delta A(\Omega) |_{\Delta f}^2 \rangle \,.$$

Das Verhältnis von Rausch- zu Trägerleistung ist mit (2.60)

$$\left(\frac{N}{C}\right)_{AM} = \frac{\frac{1}{2}R_L 2D\Delta f}{L^2\left(\Omega^2+\beta^2\right)\frac{1}{2}A_0^2 R_L} = \frac{2D\Delta f}{L^2 A_0^2\left(\Omega^2+\beta^2\right)}. \qquad (2.82)$$

Das Verhältnis von Zwei-Seitenband FM-Rauschleistung zu Trägerleistung [9] ist

$$\left(\frac{N}{C}\right)_{FM} = \frac{\delta f_{eff}^2}{\left(\frac{\Omega}{2\pi}\right)^2} = \frac{2D\Delta f}{L^2 A_0^2 \Omega^2}. \qquad (2.83)$$

Damit ergibt sich als Vergleich zwischen AM- und FM-Rauschen das Verhältnis

$$V = \left(\frac{N}{C}\right)_{AM} \Big/ \left(\frac{N}{C}\right)_{FM} = \frac{\Omega^2}{\left(\Omega^2+\beta^2\right)}. \qquad (2.84)$$

Nahe am Träger ($\Omega \ll \beta$) gilt

$$V \simeq \left(\Omega/\beta\right)^2. \qquad (2.85)$$

Beispiel zur Abschätzung von V:

$$\beta = \mid R' \mid \frac{A_0}{2L} = \frac{1}{2}\mid R' \mid \frac{A_0}{R_L}\frac{\omega_0}{Q_{ext}},$$

somit wird

$$V = \left(\frac{\Omega}{\omega_0}\right)^2 \left(\frac{2Q_{ext}R_L}{\mid R' \mid A_0}\right)^2. \qquad (2.86)$$

Der in (2.86) enthaltene Ausdruck

$$s = -\frac{A_0}{R_L}\frac{d \mid R \mid}{dA}$$

wird als Nichtlinearitätsfaktor des negativen Widerstandes bezeichnet [10]. Anstelle der Größe $d\,|R|\,/dA$, die meßtechnisch schwer zu erfassen ist, kann die Änderung der Ausgangsleistung als Folge einer Änderung des Lastwiderstandes benutzt werden. Aus $P = R_L A_0^2/2$ erhält man für

$$s = \frac{2}{1 - \frac{dP}{dR_L} \cdot \frac{R_L}{P}} \,.$$

Bei Abstimmung des Lastwiderstandes auf maximale Leistung ($dP/dR_L = 0$) erhält man $s = 2$. Unter dieser Bedingung ist

$$V = \left(\frac{\Omega}{\omega_0} \cdot Q_{ext} \right)^2 \,.$$

Mit der externen Güte $Q_{ext} = 1000$, $f_0 = 10^{11} Hz$ und $\Omega/2\pi = 10^5 Hz$ wird

$$V = \left(\frac{10^5}{10^{11}} \cdot 10^3 \right)^2 = 10^{-6} = -60\, dB \,.$$

Das AM-Rauschen ist wegen Amplitudenstabilisierung typischerweise um $60\, dB$ geringer im Vergleich zum relativ hohen FM-Rauschen als Folge der Phasendiffusion.

3 Injektionslaser und spontane Emission als Rauscheinströmung

Die Dynamik von Injektionslasern hat zum Teil große Ähnlichkeit mit der des Van der Pol-Oszillators, da die zugehörigen Bewegungsgleichungen etwa den gleichen Aufbau haben. Es wird deshalb in diesem Kapitel auf Ableitungen verzichtet, wenn diese schon in Kapitel 2 durchgeführt wurden und darauf verwiesen werden kann. Ausführlich werden dagegen die spezifischen Fluktuationen und Eigenschaften beim Injektionslaser behandelt.

3.1 Darstellung der Laser-Feldgleichung

Ein optischer Oszillator (Bild 3.1) oder Laser besteht z.B. bei der Fabry-Perot Anordnung aus zwei Spiegeln mit den Amplitudenreflexionsfaktoren r_1 und r_2, die planparallel im Abstand L angeordnet sind. Das Medium dazwischen ist im gepumpten Zustand und hat den optischen Gewinn $g[1/cm]$. Das Medium hat aber auch interne Verluste $\alpha_i[1/cm]$, die z.B. durch Absorption an freien Ladungsträgern entstehen.

Die Bedingung für eine stehende Welle zwischen den beiden Spiegeln ist die Oszillator-Schwingbedingung [1] für die Feldamplitude $E(\omega)$

$$E(\omega)r_1r_2e^{-2jkL} = E(\omega) \,. \tag{3.1}$$

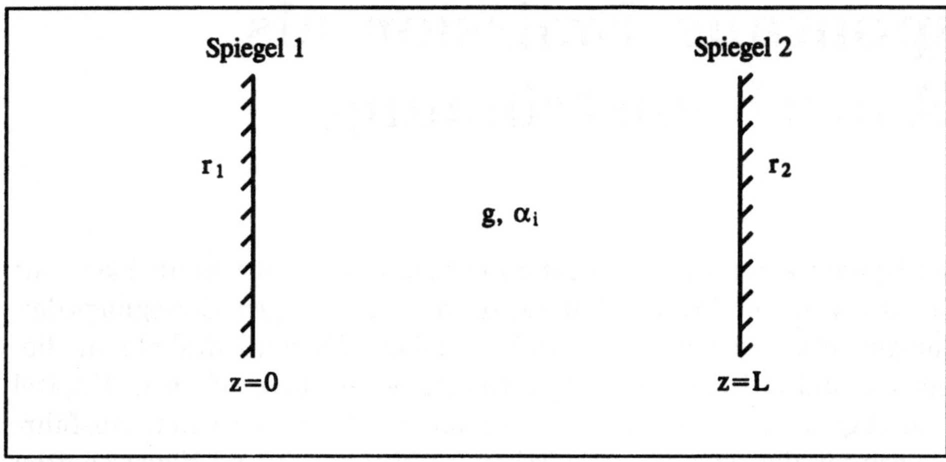

Bild 3.1:   Optischer Oszillator mit opt. Resonator (Fabry-Perot), bestehend aus zwei Spiegeln und einem aktiven Medium mit
dem optischen Gewinn g und den internen Verlusten α_i

Darin ist $E(\omega)$ die Feldstärke einer Eigenschwingung und $r_1r_2e^{-2jkL}$ ist der Umlaufgewinn mit der komplexen Wellenzahl

$$k(\omega, n) = \frac{\omega}{c}\left[\mu_r(\omega, n) + j\mu_i(\omega, n)\right] \,. \tag{3.2}$$

Die Dispersionsbeziehung (3.2) für k hängt dabei nicht nur von der optischen Kreisfrequenz ω ab, sondern auch von der Elektronendichte n, da sowohl der Realteil μ_r der Brechzahl als auch der Imaginärteil μ_i der Brechzahl von n abhängen. Dabei ist μ_i mit dem Nettogewinn $(g - \alpha_i)$ wie folgt verknüpft

$$\mu_i(\omega, n) = \frac{c}{2\omega}(g(n) - \alpha_i) \,. \tag{3.3}$$

Damit lautet die Wellenzahl

$$k(\omega, n) = \frac{\omega}{c}\mu_r(\omega, n) + \frac{j}{2}(g(n) - \alpha_i)\,. \tag{3.4}$$

Die Wellenzahl wird nun in der Umgebung des Arbeitspunktes ω_s, n_s entwickelt

$$\begin{aligned} k(\omega, n) &= k(\omega_s, n_s) + (\omega - \omega_s)\frac{\partial k}{\partial \omega} + (n - n_s)\frac{\partial k}{\partial n} \\ &= k(\omega_s, n_s) + \Delta k\,. \end{aligned} \tag{3.5}$$

Dabei entspricht $\frac{\partial k}{\partial \omega}$ der Definition der reziproken Gruppengeschwindigkeit v_g

$$\frac{\partial k}{\partial \omega} = \frac{1}{c}\frac{\partial \omega \mu_r}{\partial \omega} = 1/v_g \tag{3.6}$$

und für $\frac{\partial k}{\partial n}$ kann nach (3.4) geschrieben werden

$$\frac{\partial k}{\partial n} = \frac{\omega}{c}\frac{\partial \mu_r}{\partial n} + \frac{j}{2}\frac{\partial g}{\partial n}\,. \tag{3.7}$$

Mit dem differentiellen Gewinn $g_n = \frac{\partial g}{\partial n}$ kann (3.7) umgeschrieben werden

$$\frac{\partial k}{\partial n} = j\frac{g_n}{2}(1 + j\alpha) \tag{3.8}$$

worin

$$\alpha = -\frac{\partial \mu_r/\partial n}{\partial \mu_i/\partial n} = -\frac{2\omega}{c}\frac{\partial \mu_r/\partial n}{g_n} > 0 \tag{3.9}$$

der für die Laser-Dynamik wichtige Henry-Faktor [11] ist. Bei GaAs liegt α typischerweise zwischen 3 und 6.

Damit lautet die Änderung der Wellenzahl Δk aus dem stabilen Arbeitspunkt

$$\Delta k = (\omega - \omega_s)/v_g + \frac{j}{2}(n - n_s)g_n(1 + j\alpha)\,. \tag{3.10}$$

Im Arbeitspunkt ($\Delta k = 0$) folgt aus der Schwingbedingung (3.1)

$$\exp\left\{-2jL\left[\left(\frac{\omega_s}{c}\mu_{rs}\right) + \frac{j}{2}(g(n_s) - \alpha_i)\right] - ln1/r_1r_2\right\} = 1\,. \tag{3.11}$$

Diese Gleichung besitzt zwei Lösungen. Es gilt zunächst

$$\omega_s = \frac{mc\pi}{\mu_{rs}L} \quad \text{mit} \quad m = 1, 2, 3 \cdots \tag{3.12}$$

Die m möglichen optischen Frequenzen, die den Resonanzen des kalten Fabry-Perot Resonators entsprechen, werden meist auf eine einzige Eigenschwingung reduziert, die gerade mit dem spektralen Gewinn-Maximum zusammenfällt [12, S.39].
Die zweite Lösung beschreibt den Schwellengewinn

$$g(n_s) = \alpha_i + \frac{1}{L}ln1/r_1r_2 = \alpha_t\,. \tag{3.13}$$

An der Schwelle muß der Gewinn gleich dem Gesamtverlust α_t sein, der sich aus den internen Verlusten α_i und den Spiegelverlusten $\frac{1}{L}ln1/r_1r_2$ zusammensetzt.
Mit (3.13) kann die Photonen-Lebensdauer τ_{ph} eingeführt werden

$$\frac{1}{\tau_{ph}} = v_g\alpha_t = v_g\left(\alpha_i + \frac{1}{L}ln1/r_1r_2\right) \tag{3.14}$$

welche typischerweise bei $1ps$ liegt.
Im spektralen Maximum des Gewinns besteht zwischen $g(n)$ und der Ladungsträgerdichte n eine lineare Beziehung (vgl. Bild 3.2)

$$g = g_n \cdot (n - n_t) \tag{3.15}$$

worin n_t die Transparenzdichte ist. Aus der Schwellenbedingung (3.13) ergibt sich für den differentiellen Gewinn

$$g_n = \alpha_t/(n_s - n_t) \, . \tag{3.16}$$

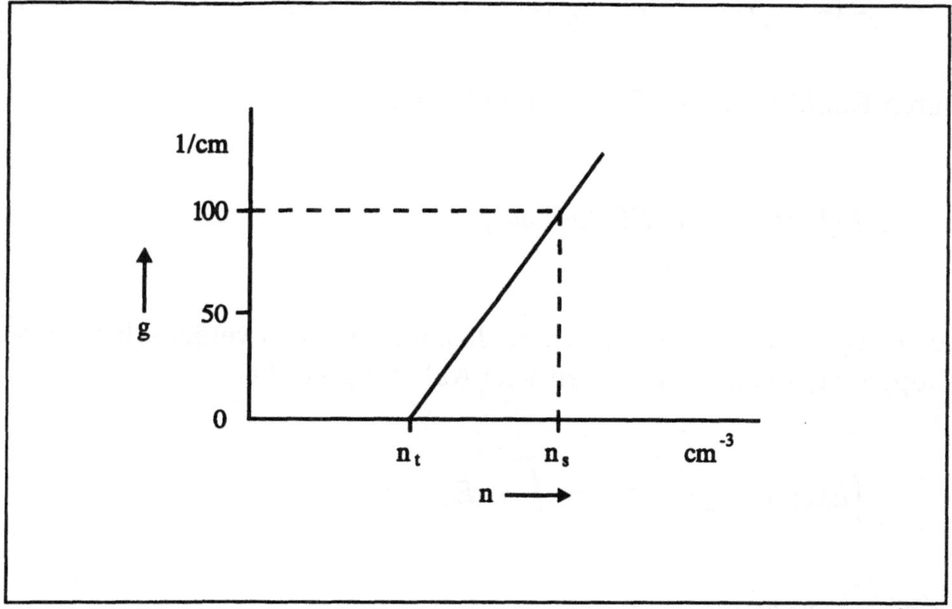

Bild 3.2:   Optischer Gewinn g als Funktion der Trägerdichte n; n_s ist die Schwellendichte und n_t ist die Transparenzdichte

Für GaAs liegen die Werte für n_t, n_s (mit $\alpha_t = g(n_s) = 100\,1/cm$) und g_n bei

$$\begin{aligned}
n_t &= 10^{18} cm^{-3} \\
n_s &= 2 \cdot 10^{18} cm^{-3} \\
g_n &= 10^{-16} cm^2 \, .
\end{aligned} \tag{3.17}$$

Zur Beschreibung der Laser-Dynamik ($\Delta k \neq 0$) ist beim Übergang vom Frequenz- in den Zeitbereich der Umlaufgewinn in (3.1) als Operator aufzufassen

$$E(\omega) = e^{-2j\Delta kL} \cdot E(\omega) \, . \tag{3.18}$$

Da $2 \mid j\Delta k \mid L \ll 1$, kann die e-Funktion entwickelt werden, und aus (3.18) wird

$$E(\omega) \cdot \left[j(\omega - \omega_s) - \frac{v_g}{2}(1 + j\alpha)g_n \cdot (n - n_s) \right] = 0 \,. \qquad (3.19)$$

Durch Einführung der Fourier-Transformation

$$E(t)e^{j\omega_s t} = \int\limits_{-\infty}^{+\infty} E(\omega)e^{j\omega t}d\omega \,,$$

worin $E(t)$ eine komplexe, sich zeitlich nur langsam veränderliche Enveloppe ist, welche für die zeitliche Ableitung ergibt

$$\left[\dot{E}(t) + j\omega_s E\right] e^{j\omega_s t} = \int\limits_{-\infty}^{+\infty} j\omega E(\omega)e^{j\omega t}d\omega$$

wird aus (3.19) für die Enveloppe

$$\frac{dE}{dt} = \frac{v_g}{2}(1 + j\alpha)g_n \cdot (n - n_s)E \,. \qquad (3.20)$$

Dies ist die gesuchte Bewegungsgleichung für das elektrische Feld.

Der Ausdruck $v_g g_n \cdot (n - n_s)$ in (3.20) kann mit (3.14) und (3.16) umgeformt werden in

$$\begin{aligned}
v_g g_n \cdot (n - n_s) &= \alpha_t v_g \left(\frac{n - n_s}{n_s - n_t} \right) \\
&= \frac{1}{\tau_{ph}} \left[\frac{n - n_t}{n_s - n_t} - 1 \right] \,.
\end{aligned} \qquad (3.21)$$

Mit dem dimensionslosen Gewinn

$$
\begin{aligned}
G(n) &= G_n \cdot (n - n_t) \\
G_n &= 1/(n_s - n_t)
\end{aligned}
\tag{3.22}
$$

wird aus

$$
v_g g_n \cdot (n - n_s) = \frac{1}{\tau_{ph}} \left[G(n) - 1 \right]
\tag{3.23}
$$

und die Feldgleichung lautet damit

$$
\frac{dE}{dt} = \frac{1}{2\tau_{ph}} (1 + j\alpha)(G(n) - 1)E + F(t).
\tag{3.24}
$$

Durch Einführung der stochastischen Kraft $F(t)$ als Folge der spontanen Emission stellt nun (3.24) die L.G. für das elektrische Feld dar. Die Korrelation dieser Langevin-Kraft ist definiert als

$$
\langle F(t)F^*(t') \rangle = R\delta(t - t').
\tag{3.25}
$$

Der Diffusionskoeffizient R, der hier in der Literatur [1] ohne den Faktor 2 erscheint, ist die Rate der spontanen Emission ($\hat{=}$ Zahl der pro sec spontan emittierten Photonen).
Gl. (3.24) ist für das Folgende wichtig, weil sie auch die Phase enthält (entscheidend für Linienbreite und Synchronisation). Sonst enthält diese Gleichung wenig Aussagekraft, da neben der Phase nur noch die Lichtintensität $| E^2 |$ nicht aber der Betrag der Feldstärke von Bedeutung ist. Anstelle der Intensität wird nun die Photonenzahl S

$$
S = | E |^2
\tag{3.26}
$$

eingeführt.

3.2 Rate der spontanen Emission und Photonen-Bilanzgleichung

Zunächst wird die komplexe Feldgleichung (3.24) durch Einführung von Polar-Koordinaten

$$E = Ae^{j\varphi}$$
$$A = \sqrt{S} \tag{3.27}$$

mit $F(t) = F_r + jF_i$ in Real-und Imaginärteil getrennt. Da

$$\dot{E} = (\dot{A} + jA\dot{\varphi})e^{j\varphi}$$

ist, folgt für den Realteil (Amplitude)

$$\dot{A} = \frac{A}{2\tau_{ph}}(G - 1) + F_A(t) \tag{3.28}$$
$$F_A = F_r \approx Re\left\{Fe^{-j\varphi}\right\}$$
$$\langle F_A(t)F_A(t')\rangle = \frac{R}{2}\delta(t - t') = 2D_{AA}\delta(t - t') \tag{3.29}$$

(vgl. hierzu Abschnitt 2.4).

Für den Imaginärteil ergibt sich

$$\dot{\varphi} = \frac{\alpha}{2\tau_{ph}}(G - 1) + F_\varphi(t) \tag{3.30}$$
$$F_\varphi = \frac{F_i}{A} \approx \frac{1}{A}Im\left\{Fe^{-j\varphi}\right\}$$
$$\langle F_\varphi(t)F_\varphi(t')\rangle = \frac{R}{2S}\delta(t - t') = 2D_{\varphi\varphi}\delta(t - t') . \tag{3.31}$$

Die Rategleichung für die Photonenzahl S folgt aus (3.28) durch Multiplikation mit A:

$$\dot{S} = \frac{S}{\tau_{ph}}(G - 1) + F_S(t) \tag{3.32}$$

$$\text{mit}\quad F_S(t) = 2\sqrt{S}\cdot F_A(t)\,.$$

Wegen (3.29) ergibt sich für die AKF von F_S

$$\begin{aligned}\langle F_S(t)F_S(t')\rangle &= 2D_{SS}\delta(t - t') \\ &= 4S\langle F_A(t)F_A(t')\rangle = 2SR\delta(t - t')\end{aligned} \tag{3.33}$$

und für den Zusammenhang zwischen R und D_{SS} gilt:

$$R = D_{SS}/S\,. \tag{3.34}$$

Eine ausführliche und exakte Darstellung der Transformation der Feld-Rategleichung (3.24) in Polarkoordinaten (vgl. (3.30) und (3.32)) ist im Anhang A.1 enthalten.

In der L.G. für S (3.32) wirken mehrere gegenläufige Prozesse, nämlich Verluste, spontane Emission und Gewinn, wobei der Gewinn selbst als Differenz zwischen stimulierter Emission und stimulierter Absorption aufzufassen ist. Zur Bestimmung von D_{SS} (und R) ist deshalb die Methode der „Master"-Gleichung (Abschnitt 1.4) anzuwenden. Dazu sind in Bild 3.3 die verschiedenen elektronischen Übergänge zwischen Leitungs-und Valenzverband mit den zugehörigen Generations- und Rekombinationsraten der Photonen dargestellt.

Nach (1.49) folgt mit $\lambda = 1$ für den Drift- Term K aus Bild 3.3 (vgl.auch [13]) mit Einbezug der Verlustrate S/τ_{ph}

$$K = \left[\sum G - \sum R\right] = E_{cv} + SE_{cv} - SE_{vc} - S/\tau_{ph}\,. \tag{3.35}$$

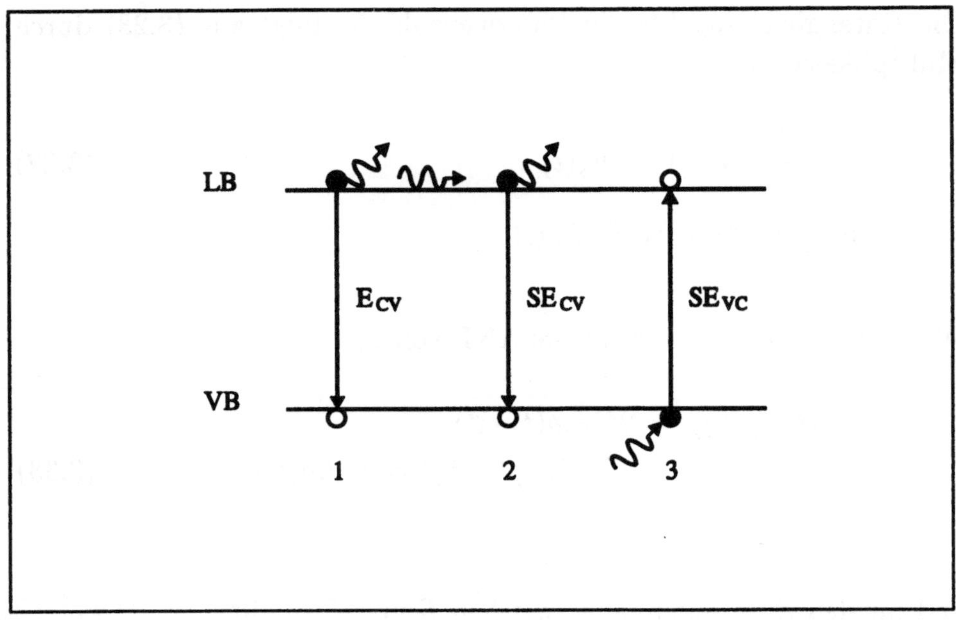

Bild 3.3:   Elektronische Übergänge zwischen Leitungsband (LB) und
Valenzband (VB) mit zugehörigen Generations- und Rekombinationsraten der Photonen: 1 spontane Emission, 2
stimulierte Emission , 3 stimulierte Absorption

Die detaillierte Balance verlangt im Gleichgewicht (vgl.(1.50))

$$K_0 = 0 \quad \text{und damit} \quad S/\tau_{ph} = S(E_{cv} - E_{vc}) + E_{cv} \,.$$

Für den Diffusionskoeffizienten folgt nach (1.49):

$$2D_{SS} = \left[\sum G + \sum R\right] = S(E_{cv} + E_{vc}) + E_{vc} + S/\tau_{ph} \,.$$

Mit dem Ergebnis der detaillierten Balance wird daraus

$$2D_{SS} = 2E_{cv}(S + 1) \simeq 2E_{cv}S$$

also

$$2D_{SS} = 2SE_{cv} \tag{3.36}$$

und wegen (3.34) ist somit auch die Rate R der spontanen Emission bekannt

$$R = E_{cv} \,. \tag{3.37}$$

Wie ist nun R bzw. E_{cv} physikalisch zu interpretieren? Für ein Zwei-Niveau-System mit W_c im Leitungsverband und W_v im Valenzverband folgt im detaillierten Gleichgewicht [13]

$$E_{vc} = C f_v (1 - f_c) \tag{3.38}$$

und

$$E_{cv} = C f_c (1 - f_v) \tag{3.39}$$

mit den Fermi-Dirac Verteilungen für Elektronen und Löcher

$$f_c = [\exp(W_c - W_{fc})/k_B T + 1]^{-1}$$
$$f_v = [\exp(W_v - W_{fv})/k_B T + 1]^{-1} \tag{3.40}$$

darin sind W_{fc}, W_{fv} die Quasi-Ferminiveaus für Elektronen und Löcher. Mit Hilfe von (3.40) kann (3.38) umgeformt werden [11]

$$E_{vc} = E_{cv} \exp - \left[\frac{qU - hf}{k_B T} \right] \,. \tag{3.41}$$

Darin ist $qU = W_{fc} - W_{fv}$ der Abstand der Quasi-Ferminiveaus und $hf = W_c - W_v$ (U ist die angelegte Spannung in Flußrichtung).

Der optische Gewinn pro *sec* $v_g g(n)$ ist nach Bild 3.3

$$v_g g(n) = E_{cv} - E_{vc} = E_{cv} \left[1 - \exp - \left(\frac{qU - hf}{k_B T} \right) \right] \,. \tag{3.42}$$

Mit (3.42) folgt damit für $E_{cv} = R$:

$$E_{cv} = \frac{v_g g}{1 - \exp - \left[\frac{qU - hf}{k_B T}\right]} = v_g g \cdot n_{sp} . \qquad (3.43)$$

In (3.43) ist n_{sp} der Faktor für spontane Emission

$$n_{sp} = 1 / \left[1 - \exp - \left[\frac{qU - hf}{k_B T}\right]\right] . \qquad (3.44)$$

Da an der Schwelle $(n = n_s)$

$$v_g g(n_s) = 1/\tau_{ph}$$

ist (vgl.(3.13) und (3.14)), folgt schließlich

$$R = E_{cv} = \frac{n_{sp}}{\tau_{ph}} . \qquad (3.45)$$

Aus (3.42) und (3.45) ergibt sich ferner

$$E_{cv} = v_g g + E_{vc}$$
$$(n_{sp} - 1)/\tau_{ph} = E_{vc} .$$

Daraus folgt, daß $n_{sp} = 1$ nur möglich ist, wenn keine Absorption ($E_{vc} = 0$) stattfindet, der Grundzustand (im Valenzband) also völlig entleert ist. Dies ist aber beim Injektionslaser nicht der Fall ($E_{vc} \neq 0$). Daher ist hier $n_{sp} > 1$ und liegt typischerweise bei $n_{sp} = 1.5$ bis 2.5.

Mit der Festlegung von R (3.45) sind nun die L.G. (3.28) für Amplitude und (3.30) für die Phase eindeutig definiert. Allerdings muß bei der L.G. für S (3.32) eine Modifikation vorgenommen werden. Denn der Drift-Term K (3.35), abgeleitet nach der Methode der „Master"-Gleichung, enthält nun einen zusätzlichen Term

$$K = S \left[(E_{cv} - E_{vc}) - \frac{1}{\tau_{ph}} \right] + E_{cv}$$
$$= S \left[v_g g - \frac{1}{\tau_{ph}} \right] + R \,,$$

$$(3.46)$$

der die Zunahme von $\dot{S}$ durch spontane Emission beschreibt. Dieser Zusatzterm heißt „durch Rauschen induzierte Drift"(noise induced drift) [3, S.45]. Die Ursache für diesen Zusatz-Term ist die nichtlineare Transformation (3.27) $S = A^2$ und entsteht auch durch eine formale Transformation der Langevin-Kraft $F(t)$ in der Feldgleichung (3.24) [3, S.380; vgl. auch Anhang A.1]. Die vollständige L.G. für die Photonenzahl S lautet daher

$$\dot{S} = \frac{S}{\tau_{ph}} [G_n(n - n_t) - 1] + R + F_S(t)$$
$$\langle F_S(t) F_S(t') \rangle = 2SR\delta(t - t') \,.$$

$$(3.47)$$

3.3   Elektronen-Bilanzgleichung

Die Langevin-Feldgleichung (3.24) und deren Derivate (3.28) bis (3.32) und (3.47) sind durch den Gewinn mit der Inversionsdichte n verkoppelt. Dafür kann man auch eine L.G. aufstellen

$$\dot{n} = \frac{J}{qd} - \frac{n}{\tau} - \frac{G}{\tau_{ph}} \frac{S}{V} + F_n(t) \,.$$

$$(3.48)$$

Die einzelnen Größen in (3.48) sind J: Stromdichte, d: Weite der aktiven Zone ($\approx 0,1\mu m$), τ: Elektronen-Lebensdauer ($\approx 1ns$), V: aktives

Volumen $(\sim 10^{-10} cm^3)$.

Diese stochastische Bilanzgleichung bedeutet, daß Photonenerzeugung (3.47) nur durch zeitliche Abnahme der Inversion entsteht. Der dritte Term auf der rechten Seite von (3.48) ist daher die Abnahme durch stimulierte Emission, der zweite Term beschreibt die Abnahme durch Rekombination und zwar durch nichtstrahlende und strahlende (spontane) Rekombination. Die Energiezufuhr für das System Photonen plus Inversion erfolgt mit dem Pump-Term J/qd.

Die Korrelation der in (3.48) auftretenden Langevin- Kraft $F_n(t)$ kann wieder nach der Methode der „Master"-Gleichung abgeleitet werden, indem das Schema in Bild 3.3 durch die Pumprate (von unten nach oben) ergänzt wird. Daraus folgt [13]

$$\langle F_n(t)F_n(t')\rangle = 2\left(\frac{nV}{\tau} + RS\right)\delta(t - t').\tag{3.49}$$

Da aber $F_n(t)$ für die Dynamik von Fabry-Perot Lasern bedeutungslos ist [11], wird dieser Term im Folgenden vernachlässigt.

Die stationären Werte für S_0 und n_0 erhält man mit $\frac{d}{dt} = 0$ und $F_S = 0; F_n = 0$ aus (3.47) und (3.48)

$$0 = \frac{S_0}{\tau_{ph}}\left[G_n \cdot (n_0 - n_t) - 1\right] + R\tag{3.50}$$

$$0 = \frac{J_0}{qd} - \frac{n_0}{\tau} - \frac{S_0}{\tau_{ph}}\frac{G_n \cdot (n_0 - n_t)}{V}.\tag{3.51}$$

Wegen (3.44) hängt R durch die Quasi-Fermipotentiale von n_0 ab. Diese Abhängigkeit ist aber so gering, daß sie vernachlässigt werden kann. Aus diesen beiden verkoppelten nicht-linearen Gleichungen kann S_0 oder n_0 als Funktion der Pump-Gleichstromdichte J_0 berechnet werden. Aus (3.50) folgt:

$$S_0 = \frac{R\tau_{ph}}{1 - G_n \cdot (n_0 - n_t)} = \frac{n_{sp}}{1 - G_n \cdot (n_0 - n_t)}.\tag{3.52}$$

Diese Beziehung besagt, daß die Zahl der Photonen an der Laserlinie selektiv hochverstärktes Rauschen als Folge der spontanen Emission ist (dies ist bei jedem selbsterregten Oszillator der Fall (vgl. auch Kapitel 2)).

Zunächst wird aber R vernachlässigt. Dann sind (3.50) und (3.51) entkoppelt und für $S_0 \neq 0$ folgt aus (3.50)

$$G_n \cdot (n_0 - n_t) = \frac{n_0 - n_t}{n_s - n_t} = 1$$

also

$$n_0 = n_s \,. \tag{3.53}$$

Aus (3.51) kann die Photonenzahl S_0 bestimmt werden

$$S_0 = \tau_{ph} V \left[\frac{J_0}{qd} - \frac{n_s}{\tau} \right]$$

die nach Einführung der Schwellenstromdichte

$$J_s = q n_s d / \tau \tag{3.54}$$

und der Abkürzung

$$I = J_0 / J_s \tag{3.55}$$

lautet

$$S_0 = \frac{\tau_{ph}}{\tau} n_s V (I - 1) \,. \tag{3.56}$$

An der Schwelle $(I = 1)$ ist also $S_0 = 0$ und bleibt Null unterhalb der Schwelle, d.h. für $0 \leq I \leq 1$ steigt nach (3.51) die Elektronendichte proportional mit J_0 an

$$n_0 = \frac{J_0 \tau}{qd} \quad \text{für} \quad n_0 \leq n_s \,. \tag{3.57}$$

In Bild 3.4 ist der Zusammenhang von S_0 und n_0 mit I dargestellt. Daraus ist ersichtlich, daß oberhalb der Schwelle, durch die Konstanz von $n_0 = n_s$, jede Erhöhung des Pumpstromes eine lineare Erhöhung der Lichtintensität bedeutet.

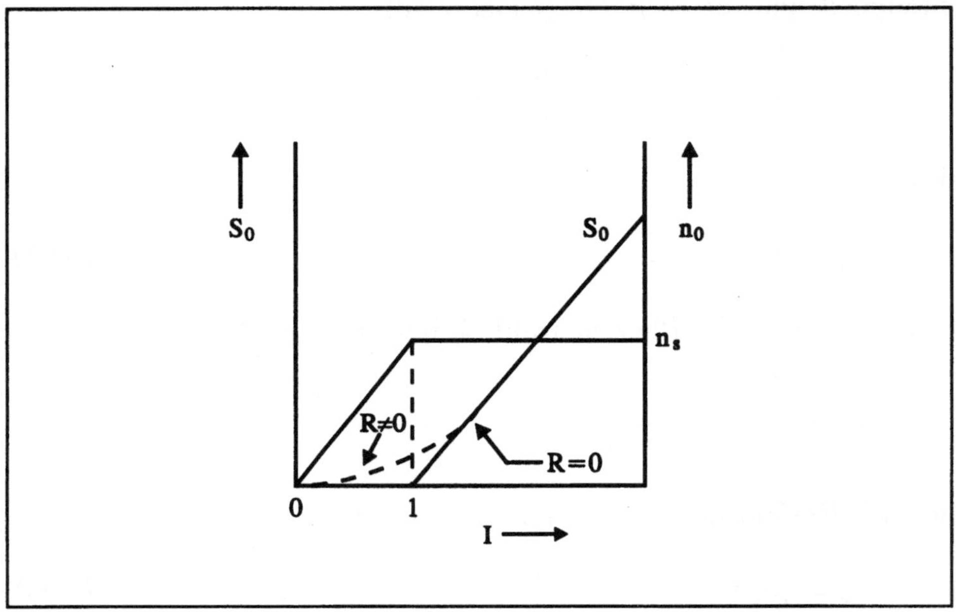

Bild 3.4: Stationäre Photonenzahl S_0 und Elektronendichte n_0 als Funktion des normierten Pumpstromes I (n_s ist die Schwellendichte und R ist die Rate der spontanen Emission)

Der physikalisch unsinnige Knick für S_0 an der Schwelle verschwindet in Wirklichkeit durch die stets vorhandene spontane Emission ($R \neq 0$). (Die $S_0(I)$-Kennlinie wird im nächsten Abschnitt auch aus der stationären Lösung der F.P.G. durch Bildung des ersten Moments berechnet).

Abschätzung der Photonenzahl S_0: Mit $n_s = 2 \cdot 10^{18} cm^{-3}$, $\tau_{ph}/\tau = 10^{-3}$ ergibt sich mit $I = 2$ aus (3.56) die Photonendichte $S_0/V = 2 \cdot 10^{15} cm^{-3}$. Für einen Laser mit $d = 0,1\mu m$, Streifenweite $w = 3\mu m$ und

Länge $L = 300\mu m$ beträgt das aktive Volumen $V = dwL = 10^{-10}cm^3$. Demnach ist die Photonenzahl oberhalb der Schwelle typischerweise $S_0 = 2 \cdot 10^5$.

3.4 Potential und Fokker-Planck Gleichung

Zur Überführung der L.G. für die Amplitude A (3.28) in die zugehörige F.P.G. muß die im Gewinn $G = G_n \cdot (n - n_t)$ enthaltene Elektronendichte n eliminiert werden. Dies erfolgt hier näherungsweise, indem eine adiabatische Approximation durchgeführt wird und in (3.48) $\dot{n} = 0$ gesetzt wird. Diese Näherung ist gültig, solange die Modulationskreisfrequenz Ω im Basisband kleiner als die Dämpfungskonstante γ ist [14]

$$\Omega \ll \gamma = \left[\frac{1}{\tau} + \frac{G_n S_0}{V \tau_{ph}}\right] . \tag{3.58}$$

Diese Dämpfungskonstante wird bei der Kleinsignal-Näherung im Abschnitt 3.6 abgeleitet und ist typischerweise $3 \cdot 10^9 \, 1/s$. Die adiabatische Approximation hat also nur Gültigkeit für Frequenzen $\Omega/2\pi < 500 MHz$.

Mit dieser Einschränkung folgt aus (3.48) $(S = A^2)$:

$$0 = \frac{J}{qd} - \frac{n}{\tau} - \frac{G_n \cdot (n - n_t)}{\tau_{ph} V} A^2$$

$$\frac{J}{qd} - \frac{n_s}{\tau} = \frac{n - n_s}{\tau} + \frac{G_n \cdot (n - n_s + n_s - n_t)}{\tau_{ph} V} A^2$$

$$n - n_s = \frac{n_s (I - 1) - A^2 \tau / \tau_{ph} V}{1 + \frac{G_n \tau}{V \tau_{ph}} A^2} . \tag{3.59}$$

Unterhalb und knapp oberhalb der Schwelle ist $A^2 = S$ relativ klein (< 500). Somit ist der Faktor $A^2 G_n \tau / \tau_{ph} V$ im Nenner von (3.59) klein gegenüber 1 und kann vernachlässigt werden. Eingesetzt in die L.G.(3.28)

$$\dot{A} = \frac{A}{2\tau_{ph}} G_n \cdot (n - n_s) + F_A(t)$$

ergibt

$$\dot{A} = \frac{A}{2\tau_{ph}} G_n \left[n_s (I - 1) - \frac{A^2 \tau}{\tau_{ph} V} \right] + F_A(t) \, . \tag{3.60}$$

Mit den Abkürzungen

$$a = (I - 1) G_n n_s / 2\tau_{ph} \, , \quad c = \frac{\tau G_n}{2\tau_{ph}^2 V} \tag{3.61}$$

lautet (3.60) schließlich

$$\dot{A} = aA - cA^3 + F_A(t) \, . \tag{3.62}$$

Diese L.G. ist im Aufbau identisch mit der L.G. für die Stromamplitude (2.20) des Van der Pol Oszillators. Somit wird im Folgenden zur Abkürzung häufig auf Kapitel 2 zurückgewiesen.
Mit $\dot{A} = 0$ und $F_A(t) = 0$ können nun aus (3.62) die Arbeitspunkte A_0 bestimmt werden (vgl. Abschnitt 2.3)

$$A_0 \left[a - cA_0^2 \right] = 0 \, . \tag{3.63}$$

1) Unterhalb der Schwelle ist $a < 0 (I < 1)$ und (3.63) wird

$$A_0 \left[| a | + cA_0^2 \right] = 0 \Rightarrow A_{01} = 0 \, . \tag{3.64}$$

Der Laser kann nicht anschwingen. In diesem Zustand ist keine kohärente Emission möglich. Vorhanden ist nur regellose spontane

Emission.

2) Oberhalb der Schwelle ist $a > 0(I > 1)$ und (3.63) wird

$$A_0 \left[a - cA_0^2\right] = 0 \Rightarrow A_{\substack{02 \\ 03}} = \pm\sqrt{\frac{a}{c}}.$$ (3.65)

An der Schwelle $a = 0(I = 1)$ erfolgt wieder Bifurkation (vgl. Abschnitt 2.3) wegen der zwei möglichen Lösungen $A_{\substack{02 \\ 03}}$. Hier ist aber nur ein stabiler Arbeitspunkt physikalisch sinnvoll

$$A_0 = \sqrt{\frac{a}{c}} = \sqrt{S_0}.$$ (3.66)

Mit dem Drift-Term $K = aA - cA^3$ kann wieder ein Potential $V(A) = -\int K\,dA$ eingeführt werden

$$V(A) = -\frac{1}{2}aA^2 + \frac{1}{4}cA^4.$$ (3.67)

Die Diskussion dieses Potentials, nämlich der Phasenübergang bei $a = 0$, „slowing down" und zugehörige kritische Fluktuationen ist ausführlich in Abschnitt 2.5 durchgeführt worden.
Mit dem Potential (3.67) lautet die stationäre Lösung $W_0(A)$ der F.P.G. wieder (vgl. (2.42))

$$W_0 = N_0 \exp\left(-V(A)/D_{AA}\right)$$ (3.68)

mit

$$D_{AA} = R/4.$$

In normierter Form lautet (3.68) schließlich

$$W_0 = N_0 e^{-\left(P^2/4 - P\alpha_0\right)} = N_0 e^{\alpha_0^2} \cdot e^{-\frac{1}{4}(P - 2\alpha_0)^2}$$ (3.69)

worin P die normierte Photonenzahl S ist

$$P = 2S\sqrt{\frac{c}{R}} = S\sqrt{\frac{2G_n\tau}{V\tau_{ph}n_{sp}}} \tag{3.70}$$

und α_0 der normierte Pumpparameter ist

$$\alpha_0 = \frac{a}{\sqrt{cR}} = \frac{(I-1)G_n n_s}{\sqrt{\frac{2n_{sp}G_n\tau}{V\tau_{ph}}}} \ . \tag{3.71}$$

Setzt man in (3.71) die üblichen Laserparameter ein, so ergibt sich der Zusammenhang $(I-1) = 3 \cdot 10^{-3}\,\alpha_0$. Selbst für große Werte von α_0 (beispielsweise $\alpha_0 = \pm100$) liegt der Arbeitspunkt dann nur knapp oberhalb bzw. unterhalb der Schwelle.
Die Integrationskonstante N_0 ist (vgl.(2.46) und (2.47))

$$N_0^{-1} = F_0\,(\alpha_0) = \sqrt{\pi}e^{\alpha_0^2}\,[1 + \Phi(\alpha_0)]\ .$$

Die Ableitung der vollständigen F.P.G. ist im Anhang A.1 durchgeführt.

W_0 als Funktion von P mit α_0 als Parameter ist in Bild 3.5 dargestellt. W_0 ist für $\alpha_0 \geq 0$ eine Gaußverteilung mit dem maximalen Wert bei $P = 2\alpha_0$, welche bei $P = 0$ abgeschnitten ist. Für $\alpha_0 \ll -1$ kann $P^2/4$ gegenüber $P \mid \alpha_0 \mid$ in (3.69) vernachlässigt werden und W_0 wird dann eine Exponential-Verteilung

$$W_0 = \mid \alpha_0 \mid e^{-\mid\alpha_0\mid P}\ . \tag{3.72}$$

Es sind diese beiden Verteilungen, die den fundamentalen Unterschied zwischen kohärenter Emission und regelloser, inkohärenter Emission beschreiben.

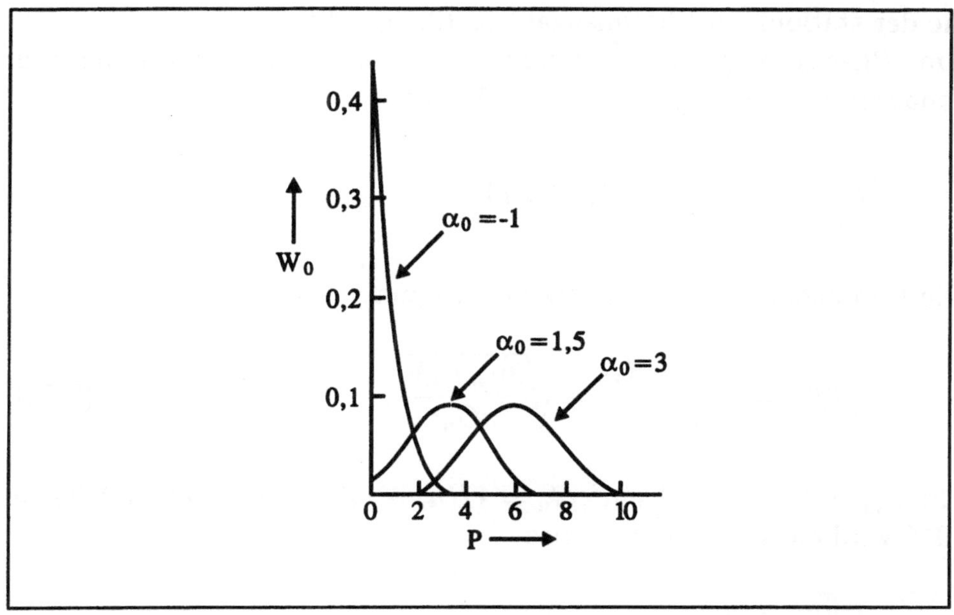

Bild 3.5: Stationäre Verteilung W_0 nach (3.69) als Funktion der normierten Photonenzahl P für verschiedene Pumpparameter α_0 [3]

Die Licht-Strom Kennlinie erhält man aus (3.69) durch Bildung des ersten Moments $M_1 = \langle P \rangle$ (vgl. (2.49))

$$\langle P \rangle = 2\left[\alpha_0 + 1/F_0\left(\alpha_0\right)\right] . \tag{3.73}$$

Der vollständige Verlauf von $\langle P(\alpha_0)\rangle$ ist in Bild 2.10 dargestellt (vgl.auch hierzu den Verlauf von $S_0(J_0)$ für $R \neq 0$ in Bild 3.4). Weit über der Schwelle ($\alpha_0 > 1$) gilt die Asymptote $\langle P \rangle = 2\alpha_0$ (vgl. (2.50)). Mit (3.70) erhält man damit für die mittlere Photonenzahl

$$\langle S \rangle = \sqrt{\frac{R}{c}}\frac{\langle P \rangle}{2} = \alpha_0\sqrt{\frac{R}{c}} = \frac{a}{c}$$

und mit (3.66) schließlich

$$\langle S \rangle = S_0 = \frac{\tau_{ph}}{\tau}n_s V(I - 1) \tag{3.74}$$

die der stationären Photonenzahl S_0 (3.56) entspricht.
Am Phasenübergang (Übergang von inkohärenter Strahlung zu kohärenter Strahlung) $\alpha_0 = 0(I = 1)$ gilt

$$\langle P(0)\rangle = \frac{2}{\sqrt{\pi}}\left(F_0(0) = \sqrt{\pi}\right).$$

Die Photonenzahl an der Schwelle ist dann

$$\langle S(0)\rangle = \frac{1}{\sqrt{\pi}}\;\sqrt{\frac{R}{c}} = \sqrt{\frac{2n_{sp}\tau_{ph}V}{\pi G_n \tau}}.\tag{3.75}$$

Mit $n_{sp} = 2, V = 10^{-10}cm^3, G_n = 1/(n_s - n_t) = 10^{-18}cm^3$ und $\frac{\tau_{ph}}{\tau} = 10^{-3}$ wird daraus typischerweise

$$\langle S(0)\rangle = 350 \text{ Photonen}$$

als Folge der spontanen Emission.
Für $\alpha_0 \ll -1$ gilt die Entwicklung (vgl.(2.52))

$$\langle P\rangle = \frac{1}{\mid \alpha_0 \mid}.\tag{3.76}$$

Diesen Wert für die mittlere (normierte) Photonenzahl erhält man auch aus der Exponential-Verteilung (3.72).

Ähnlich wie im Abschnitt 2.6, so kann man auch hier das zweite Moment mit Hilfe der F.P.G. bestimmen, und damit die Varianz der Photonenzahl

$$\sigma_s^2 = \langle \delta S^2\rangle = \langle(S - \langle S\rangle)^2\rangle\tag{3.77}$$

berechnen, die die gesamte Laser-Rauschleistung darstellt. Der Verlauf von σ_s^2 als Funktion von α_0 entspricht der Darstellung von σ_p^2 in Bild 2.11.

In der Laser-Meßtechnik wird die relative Varianz der Photonenzahl bevorzugt:

$$\sigma^2_{rel} = \langle \delta S^2 \rangle / \langle S \rangle^2 \,. \tag{3.78}$$

Mit (2.55) lautet σ^2_{rel}

$$\sigma^2_{rel} = \frac{2 + \langle P \rangle \, (2\alpha_0 - \langle P \rangle)}{\langle P \rangle^2} \tag{3.79}$$

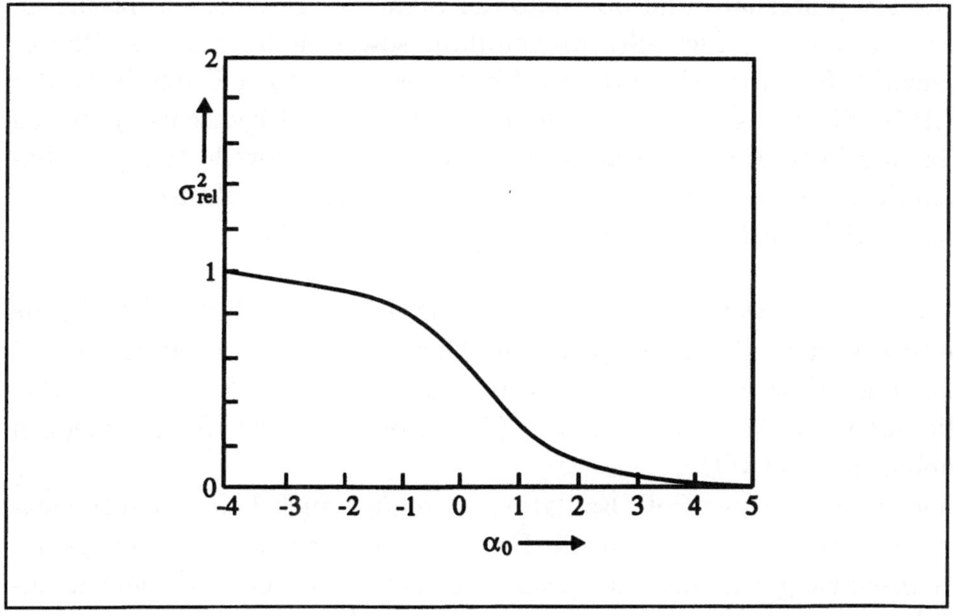

Bild 3.6: Relative Varianz σ^2_{rel} als Funktion des Pumpparameters α_0

In Bild 3.6 ist σ^2_{rel} als Funktion des Pumpparameters α_0 dargestellt. Oberhalb der Schwelle nimmt σ^2_{rel} wie $1/\alpha_0^2$ ab. Für $\alpha_0 \ll -1$ gilt nach (2.52) die Näherung

$$\langle P \rangle = \frac{1}{\mid \alpha_0 \mid} - \frac{1}{\mid \alpha_0 \mid^3} \tag{3.80}$$

und somit für σ_{rel}^2 der Grenzwert $\lim\limits_{\alpha_0 \to -\infty} \sigma_{rel}^2 = 1$.

Man sieht aus Bild 3.6, daß unterhalb der Schwelle das Schwankungs-quadrat der Photonenzahl fast ausschließlich Intensitätsrauschen als Folge der spontanen Emission ist. Oberhalb der Schwelle sinkt das Schwankungsquadrat des Intensitätsrauschens rasch unter den Pegel von $\langle S \rangle^2$.

Schlußbemerkung: Die stationäre Lösung der F.P.G. erlaubt durch Momentenbildung die Laserphänomene im gesamten Pumpstrom-Bereich (unterhalb und oberhalb der Schwelle) geschlossen darzustellen, wie z.B. die Licht-Strom-Kennlinie sowie die Varianz der Photonenzahl. Es wird jedoch darauf hingewiesen, daß zur Darstellung der F.P.G. die Feldgleichung (3.28) für eine einzige Eigenschwingung zu Grunde liegt. Resultate an und unterhalb der Schwelle ($\alpha_0 \leq 0$) haben deshalb nur Gültigkeit bei streng einmodigen Strukturen, wie z.B. beim Injektionslaser mit Mikroresonator [12, S.105].

Kritisch zu bewerten sind zeitabhängige Lösungen [3] der F.P.G., die man zur Darstellung der spektralen Dichten benötigt. Denn hier spielt die eingeführte adiabatische Approximation eine einschränkende Rolle, die nur Gültigkeit hat für $\Omega < \gamma$ (3.58), beispielsweise für Frequenzen kleiner als $500\,MHz$.
Wie beim Van der Pol Oszillator, so genügt auch beim Injektionsla-ser in den meisten Fällen die Beschreibung der Rauschvorgänge im eingeschwungenen Zustand. Dann ist aber auch hier eine Kleinsignal-Näherung in der Umgebung des Arbeitspunktes ausreichend.
Da aber hierzu ein stabiler Arbeitspunkt notwendig ist, gilt diese Me-thode nur oberhalb der Schwelle ($I > 1$). In den folgenden Abschnitten wird diese Kleinsignal-Näherung konsequent angewendet.

3.5 FM-Rauschen, Leistungsspektrum und Linienbreite nahe am Träger

Zur Beschreibung des Phasen-bzw. FM-Rauschens benötigt man die L.G. für die Phasenänderung (3.30)

$$\dot{\varphi} = \frac{\alpha}{2\tau_{ph}} \left[G_n \cdot (n - n_t) - 1 \right] + F_\varphi(t) .$$

Diese L.G. ist aber über den Gewinn mit der L.G. für die Amplitudenänderung (3.28) verkoppelt. Nahe am Träger ($\Omega \to 0$) kann $\dot{A} = 0$ gesetzt werden. Deshalb gilt näherungsweise im Arbeitspunkt $A = A_0$

$$\frac{1}{2\tau_{ph}} \left[G_n \cdot (n - n_t) - 1 \right] = -F_A(t)/A_0 . \tag{3.81}$$

Eingesetzt in $\dot{\varphi}$ ergibt einen Wiener-Prozeß

$$\dot{\varphi} = F_{\varphi 0}(t) - \frac{\alpha}{A_0} F_A(t) . \tag{3.82}$$

Mit

$$\langle F_{\varphi 0}(t) F_{\varphi 0}(t') \rangle = \frac{R}{2A_0^2} \delta(t - t')$$

und

$$\langle F_A(t) F_A(t') \rangle = \frac{R}{2} \delta(t - t')$$

(vgl.(3.29) und (3.31)) ergibt die Fourier-Transformation von (3.82) das "weiße" Spektrum für die Phasenänderung

$$S_{\dot{\varphi}}(\Omega) = \langle | \dot{\varphi}(\Omega) |^2 \rangle = \frac{R}{2A_0^2}(1 + \alpha^2) . \tag{3.83}$$

Wird innerhalb der Bandbreite Δf gemessen, so wird aus (3.83) (vgl.(1.10)) mit $A_0^2 = S_0$

$$\langle |\, \dot{\varphi}(\Omega)\, |_{\Delta f}^2 \rangle = 2\langle |\, \dot{\varphi}\, |^2 \rangle \Delta f = \frac{R}{S_0}(1 + \alpha^2)\Delta f\,. \qquad (3.84)$$

In Analogie zu (2.63) kann auch hier wieder der meßbare effektive Frequenzhub δf_{eff} eingeführt werden $\left(\langle |\, \dot{\varphi}(\Omega)\, |_{\Delta f}^2 \rangle = (2\pi \delta f_{eff})^2 \right)$, für den mit (3.84) im Zwei-Seitenband gilt

$$\delta f_{eff} = \frac{1}{2\pi}\sqrt{\frac{n_{sp}(1 + \alpha^2)\Delta f}{S_0 \tau_{ph}}}\,. \qquad (3.85)$$

Der effektive Frequenzhub δf_{eff} des FM-Rauschens kann nach FM-AM Konversion an der Flanke eines optischen Diskriminators (z.B. Michelson-Interferometer) an der Photodiode mit einem Pegelmesser der Bandbreite Δf gemessen werden.

Beispiel: $n_{sp} = 2, S_0 = 10^5, \tau_{ph} = 1ps$ und $\alpha = 6$

$$\delta f_{eff}/\sqrt{\Delta f} = \frac{1}{2\pi}\sqrt{\frac{2 \cdot 37 \cdot 10^{12}}{10^5}} = 4kHz/\sqrt{Hz}\,.$$

Mit der Annahme eines Lorentz-Spektrums für die spektrale Leistungsdichte (vgl.(2.80)) kann damit die volle Linienbreite (FWHM) ermittelt werden (vgl. auch (3.93)

$$\Delta\nu = \pi\frac{\delta f_{eff}^2}{\Delta f} = \pi \cdot 16 \cdot 10^6 \simeq 60MHz\,.$$

Zur Bestimmung der Linienbreite benötigt man das Leistunsgsspektrum, das sich aus AM- und FM-Schwankungen zusammensetzt. Die

Berechnung des Leistungsspektrums wird stark vereinfacht, wenn man AM-Fluktuationen wegen Amplituden-Stabilisierung vernachlässigen kann. Dies ist auch beim Laser der Fall; denn mit der Annahme der adiabatischen Approximation (3.59) lautet die Ratengleichung für $\dot{A}(F_A(t) = 0$ in (3.60))

$$\dot{A} = \frac{AG_n}{2\tau_{ph}}\left[n_s(I-1) - \frac{A^2\tau}{\tau_{ph}V}\right] = \frac{A}{2\tau_{ph}}G_n \cdot G(A)\,. \qquad (3.86)$$

In dieser Darstellung ist der Gewinn $G(A)$ nun eine nichtlineare Funktion von A. Dessen Verlauf ist in Bild 3.7 dargestellt. Selbsterregung findet nur statt, wenn $G(0) > 0$ ist, d.h. $I > 1$. Bei $G(A_0) = 0$ ergibt sich der stabile Arbeitspunkt A_0. Jede Störung δA aus dem Gleichgewichtspunkt $A_0(A = A_0 + \delta A)$ wird dann mit einem O.U.-Prozeß (vgl.(2.59) und Bild (2.12))

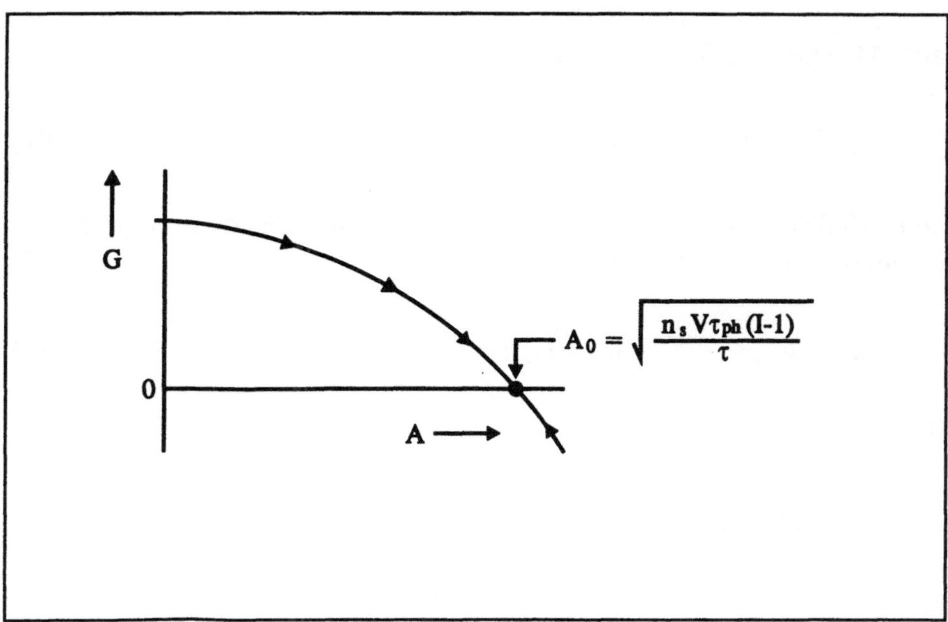

Bild 3.7: Normierter Gewinn G als Funktion von der Feldamplitude A

ausgeglichen

$$\frac{d\delta A}{dt} = -\beta \delta A$$

und zwar mit der reziproken Zeitkonstante

$$\beta = G_n n_s (I - 1)/\tau_{ph}\,.$$

Die Amplitudenstabilisierung (mit den beiden gegenläufigen Pfeilen am Arbeitspunkt A_0 in Bild 3.7) ist somit auch beim Injektionslaser wirksam.
Unter Vernachlässigung der AM-Fluktuationen lautet dann die AKF für das elektrische Feld

$$E(t) = A_0 \cdot e^{j(\omega_s t + \varphi(t))}$$

nach Abschnitt 2.8

$$\langle E(t)E^*(0)\rangle = A_0^2 e^{-\frac{1}{2}\langle(\varphi(t)-\varphi(0))^2\rangle} \cdot e^{j\omega_s t}\,. \tag{3.87}$$

Die in (3.87) enthaltene Varianz der Phase kann aus dem zugehörigen Wiener-Prozeß (3.82) abgeleitet werden

$$\dot{\varphi} = F_{\varphi 0} - \alpha F_A/A_0 = F_\varphi(t) \tag{3.88}$$

mit

$$\langle F_\varphi(t)F_\varphi(t')\rangle = 2D_\varphi \delta(t - t')$$

und

$$D_\varphi = \frac{R}{4A_0^2}(1 + \alpha^2)\,. \tag{3.89}$$

Nach (1.18) folgt dann aus (3.88) für die Varianz der Phasendifferenz

$$\langle (\varphi(t) - \varphi(0))^2 \rangle = 2D_\varphi \mid t \mid . \tag{3.90}$$

Statt (3.87) wird somit geschrieben

$$\langle E(t)E^*(0) \rangle = A_0^2 e^{-D_\varphi |t|} \cdot e^{j\omega_s t} . \tag{3.91}$$

Damit folgt nach (1.5) für das Leistungsspektrum

$$S_E(\omega) = \langle \mid E(\omega) \mid^2 \rangle = A_0^2 \int\limits_{-\infty}^{+\infty} e^{-D_\varphi |t|} \cdot e^{-j(\omega - \omega_s)t} dt$$

nach Einführung von

$$\Omega = \omega - \omega_s$$

der Ausdruck

$$S_E(\Omega) = \langle \mid E(\Omega) \mid^2 \rangle = 2A_0^2 \frac{D_\varphi}{\Omega^2 + D_\varphi^2} . \tag{3.92}$$

Dieses Lorentz-Spektrum kann durch ein optisches Überlagerungsverfahren und durch Abwärtsmischen an der quadratischen Kennlinie der Photodiode mit einem Spektrumanalysator gemessen werden.
Ein Vergleich von (3.92) mit dem Leistungsspektrum des Van der Pol Oszillators (vgl. (2.75) und (2.78)) ergibt sofort für die Linienbreite $\Delta\nu$ (FWHM)

$$\Delta\nu = D_\varphi/\pi = \frac{R}{4\pi S_0}\left(1 + \alpha^2\right) = \frac{n_{sp}\left(1 + \alpha^2\right)}{4\pi \tau_{ph} S_0} . \tag{3.93}$$

Vergleicht man ferner (3.93) mit (3.85), so zeigt sich, daß bei einer Lorentz-Verteilung die oben schon benützte Umrechnung $\Delta\nu = \pi \delta f_{eff}^2 / \Delta f$ Gültigkeit besitzt. Der Vorfaktor $R/4\pi S_0$ entspricht der

Linienbreite, wie sie von Schawlow und Townes [15] für Gas-Laser formuliert wurde. Der zweite Term, proportional zum Quadrat des Henry-Faktors α, entsteht durch die Wechselwirkung der Ladungsträger mit dem Feld und erhöht merklich das FM-Rauschen (3.83) und die Linienbreite; α wird deshalb auch Linienverbreitungsfaktor genannt. Da der Realteil des Brechungsindex von n abhängt ($\partial \mu_r / \partial n \neq 0$) wird durch Ladungsträgerschwankungen δn die momentane optische Länge $L\mu_r = L\left(\mu_r(0) + \frac{\partial \mu_r}{\partial n}\delta n\right)$ geändert, womit FM-Fluktuationen entstehen.

Wie auch experimentell bestätigt, nimmt die Linienbreite $\Delta \nu$ umgekehrt proportional mit S_0 bzw. mit der Lichtleistung P ab. Deshalb wird zur Charakterisierung oft das Linienbreite-Leistungsprodukt angegeben, das für einen Fabry-Perot-Laser typischerweise bei $\Delta \nu P = 60 MHz \cdot mW$ liegt.

3.6   Intensitätsrauschen

Für große Frequenzablagen Ω vom Träger ω_0 darf die adiabatische Approximation (3.58) nicht mehr angewendet werden, sondern es muß die vollständige Ratengleichung für die Elektronendichte (3.48) in Verbindung mit der L.G. für die Photonenzahl S (3.47) verwendet werden. Als Kleinsignal-Näherung wird nun gesetzt

$$S = S_0 + \Delta S e^{j\Omega t}; \quad n = n_s + \Delta n e^{j\Omega t}. \tag{3.94}$$

Da hier nur der Bereich oberhalb der Schwelle in Frage kommt ($I \gtrsim 1$), kann in (3.47) der durch Rauschen induzierte Term $R = 0$ gesetzt werden. Mit dem Ansatz (3.94) wird aus der L.G.(3.47)

$$j\Omega\Delta S = \frac{S_0 G_n}{\tau_{ph}}\Delta n + F_S(\Omega) \tag{3.95}$$

und aus (3.48) (mit $F_n(t) = 0$ und $\Delta I = 0$)

$$j\Omega\Delta n = -\frac{\Delta n}{\tau} - \frac{S_0 G_n}{V\tau_{ph}}\Delta n - \frac{\Delta S}{V\tau_{ph}}\,. \tag{3.96}$$

Nach Einführung der Dämpfungskonstante

$$\gamma = \frac{1}{\tau}\left[1 + \frac{S_0 G_n \tau}{V\tau_{ph}}\right]\,, \tag{3.97}$$

die maßgebend für die Gültigkeit der adiabatischen Approximation ist (vgl.(3.58)) und der Laser-Resonanzkreisfrequenz

$$\Omega_r^2 = \frac{S_0 G_n}{V\tau_{ph}^2}\,, \tag{3.98}$$

die ein Maß für die Modulations-Bandbreite $B = \Omega_r/2\pi$ ist, erhält man für

$$\Delta S = \frac{F_S(\Omega)(\gamma + j\Omega)}{(\Omega_r^2 - \Omega^2) + j\Omega\gamma} \tag{3.99}$$

und

$$\Delta n = -\frac{F_S(\Omega)}{V\tau_{ph}}\frac{1}{(\Omega_r^2 - \Omega^2) + j\Omega\gamma}\,. \tag{3.100}$$

Für das Folgende wird die Modulationssteilheit $M(\Omega)$ (vgl. Analog-modulation [12, S.60]) benötigt

$$M(\Omega) = \frac{\Omega_r^2}{[(\Omega_r^2 - \Omega^2)^2 + \Omega^2\gamma^2]^{1/2}}\,. \tag{3.101}$$

Der Verlauf von $M(\Omega)$ ist in Bild 3.8 dargestellt. Für geringe Dämpfung hat $M(\Omega)$ ein Maximum

$$M_{max} \simeq (\Omega_r/\gamma)^2 \quad \text{bei} \quad \Omega_{max} = \left(\Omega_r^2 - \frac{\gamma^2}{2}\right)^{1/2}\,. \tag{3.102}$$

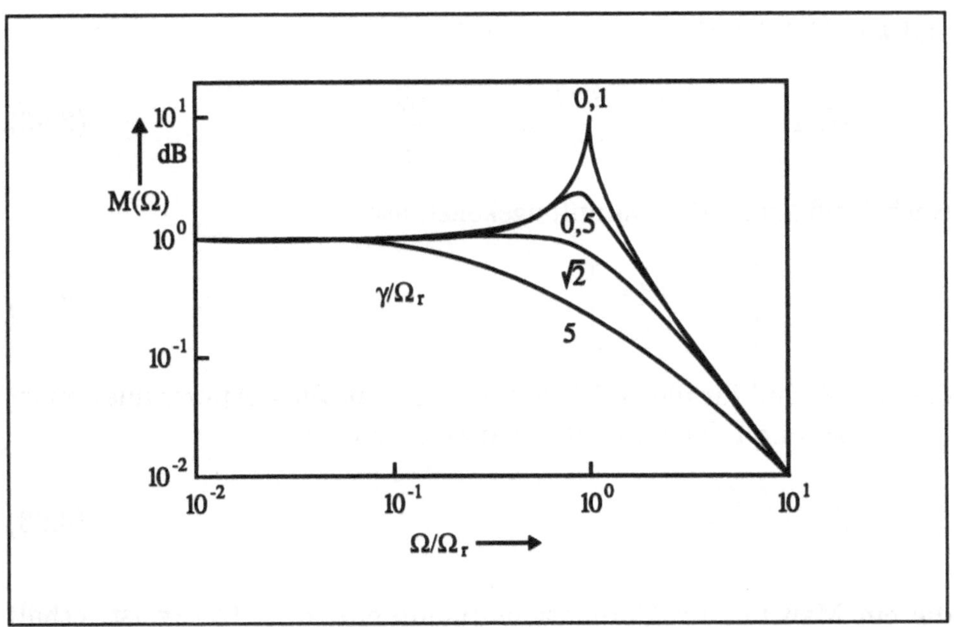

Bild 3.8:   Modulationssteilheit $M(\Omega)$ als Funktion der normierten Kreisfrequenz Ω/Ω_r mit γ/Ω_r als Parameter

Das Maximum verschwindet für $\gamma/\Omega_r \geq \sqrt{2}$ und der Verlauf von $M(\Omega)$ hat einen Tiefpass-Charakter. Für eine große Modulations-Bandbreite muß Ω_r möglichst groß und γ möglichst klein sein.

Das Spektrum des Intensitätsrauschens erhält man aus (3.99)

$$
\begin{aligned}
\langle | \Delta S(\Omega) |^2 \rangle &= \langle | F_S(\Omega) |^2 \rangle \cdot \left(\Omega^2 + \gamma^2 \right) M^2(\Omega)/\Omega_r^4 \\
&= \frac{2 S_0 n_{sp}}{\tau_{ph} \Omega_r^4} \left(\Omega^2 + \gamma^2 \right) M^2(\Omega)
\end{aligned}
\tag{3.103}
$$

und damit für das relative Intensitätsrauschen (RIN) in der Bandbreite Δf

$$
RIN = \frac{2 \langle | \Delta S(\Omega) |^2 \rangle \Delta f}{S_0^2} = \frac{4 n_{sp} \left(\Omega^2 + \gamma^2 \right) M^2(\Omega) \Delta f}{\tau_{ph} \Omega_r^4 S_0} \, . \tag{3.104}
$$

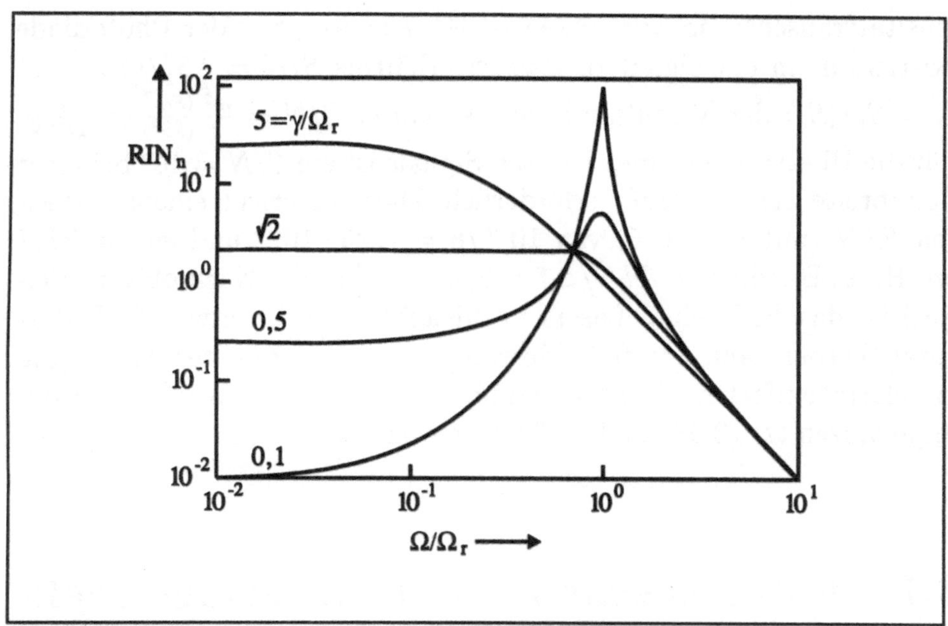

Bild 3.9:   Normiertes RIN_n als Funktion von Ω/Ω_r mit γ/Ω_r als Parameter

Der Verlauf des normierten $RIN_n = M^2(\Omega) \cdot (\Omega^2 + \gamma^2)/\Omega_r^2$ ist in Bild 3.9 als Funktion von Ω/Ω_r mit γ/Ω_r als Parameter dargestellt. Bei geringer Dämpfung nimmt RIN mit Ω zu und erreicht bei $\Omega \approx \Omega_r$ ein Maximum. Mit zunehmender Dämpfung stellt sich (ähnlich wie in Bild 3.8) Tiefpass-Charakter ein.

Wegen $RIN \sim 1/S_0 \Omega_r^4 \sim 1/S_0^3$ nimmt RIN rasch mit S_0^{-3} ab. Bei sehr großer Photonenzahl S_0 überwiegt in γ (vgl.(3.97)) der zweite Term und RIN nimmt dann schwächer, nämlich wie $1/S_0^2$ ab.

Beispiel: $M(\Omega) = 1$ (für $\Omega < \Omega_r$), $\tau = 10^{-9}s$, $\tau_{ph} = 10^{-12}s$, $n_{sp} = 2$, $\Omega_r/2\pi = 2GHz$ und $S_0 = 10^5$ ergibt ein $RIN \simeq 3 \cdot 10^{-15}\Delta f$.

Das RIN kann bei der Analog-Modulation eine Rolle spielen, wenn ein optisches Signal $S(t) = \langle S_0 \rangle + S_1 \sin \Omega t$ mit überlagertem Intensitätsrauschen δS vorhanden ist [1]. Am Ausgang der Photodiode existiert dann ein Signal zu Rauschverhältnis $S/N = \frac{1}{2}S_1^2/\langle\delta S^2\rangle$. Ist $m = S_1/\langle S_0\rangle$ der Modulationshub, so lautet $S/N = \frac{m^2}{2}\frac{\langle S_0\rangle^2}{\langle\delta S^2\rangle} = \frac{m^2}{2RIN}$. Für die Übertragung eines Fernseh-Signals ist ein $S/N = 10^5$ bei einer Bandbreite $\Delta f = 5MHz$ erforderlich. Dies entspricht einem zulässigen RIN (mit $m = 0,5$) von $10^{-5}/8 = 1,25 \cdot 10^{-6}$ und einem RIN pro Hertz Bandbreite $RIN/\Delta f = 2,5 \cdot 10^{-13}\,1/Hz$. Nach obigem Beispiel ist das RIN eines Lasers im Idealfall aber um etwa $20\,dB$ darunter. Ferner kann aus RIN-Messungen durch Parameter-Anpassung in relativ einfacher Weise und unbeeinflußt von parasitären Laser-Impedanzen Ω_r (3.98) und γ (3.97) gewonnen werden.

3.7 FM-Rauschen und Leistungsspektrum für beliebige Frequenzablagen

Zur Bestimmung des FM-Rauschens geht man wieder von der L.G.(3.30) aus, welche in der Kleinsignal-Näherung lautet

$$\Delta\dot\varphi = \frac{\alpha}{2\tau_{ph}}G_n\Delta n + F_\varphi(t)\,.$$

Fourier-Transformation in den Frequenzbereich ergibt

$$\Delta\dot\varphi(\Omega) = \frac{\alpha}{2\tau_{ph}}G_n\Delta n(\Omega) + F_\varphi(\Omega)\,. \tag{3.105}$$

Zusammen mit (3.100) und (3.101) folgt für die spektrale Dichte von $\Delta\dot\varphi$

$$\langle|\,\Delta\dot\varphi(\Omega)\,|^2\rangle = \frac{R}{2S_0}\left[1 + \alpha^2 M^2(\Omega)\right]\,. \tag{3.106}$$

Für kleine $\Omega(< \gamma, \Omega_r)$ wird $M = 1$ und (3.106) geht in (3.83) über. Wegen der Existenz von $M(\Omega)$ ist nun bei großem Ω (3.106) keineswegs mehr „weiß". Das zugehörige Leistungsspektrum kann deshalb auch nicht mehr eine einfache Lorentz-Kurve sein.

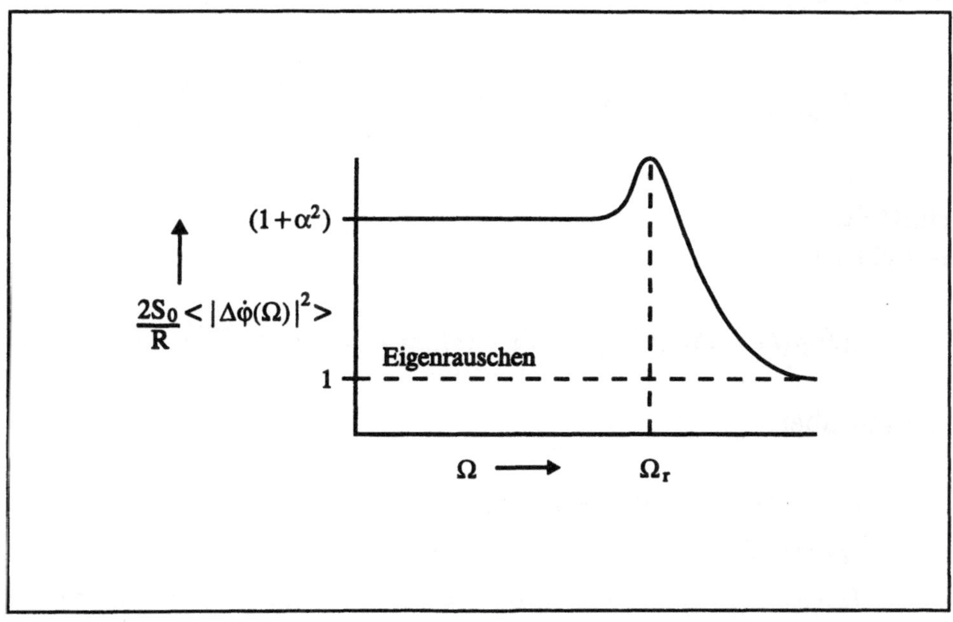

Bild 3.10: Normiertes FM-Rauschspektrum als Funktion von Ω

Der Verlauf des FM-Spektrums $\langle |\Delta\dot{\varphi}(\Omega)|^2\rangle$ ist nun wesentlich durch die Modulationssteilheit M bestimmt (vgl. Bild 3.10). Es besteht aus dem Eigenrauschen (Vorfaktor von (3.106)) durch Rauscheinströmung der spontanen Emission und Modulationsrauschen ($\sim \alpha^2$) als Folge der Wechselwirkung zwischen Inversionsdichte und Photonen. Nach Bild 3.10 kann nach Abzug des Eigenrauschens der Henry-Faktor ermittelt werden.

Zur Bestimmung des Leistungsspektrums (vgl. (3.87) und Abschnitt 2.8) benötigt man zunächst die Varianz der Phasendifferenz $\langle(\Delta\varphi(t)-\Delta\varphi(0))^2\rangle$. Diese wird nun durch Transformation des Phasen-

Spektrums

$$\langle\,|\,\Delta\varphi(\Omega)\,|^2\,\rangle = \frac{R}{2S_0\Omega^2}\left(1 + \alpha^2 M^2(\Omega)\right) \tag{3.107}$$

aus der allgemeinen Beziehung (1.6)

$$R_{\Delta\varphi}(\tau) = \langle\Delta\varphi(t)\Delta\varphi(t+\tau)\rangle = \int\limits_{-\infty}^{+\infty}\langle\,|\,\Delta\varphi(\Omega)\,|^2\,\rangle e^{j\Omega\tau}\frac{d\Omega}{2\pi}$$

ermittelt.
Gesucht ist :

$$\langle(\Delta\varphi(t) - \Delta\varphi(0))^2\rangle = \langle\Delta\varphi^2(t)\rangle - 2\langle\Delta\varphi(t)\Delta\varphi(0)\rangle + \langle\Delta\varphi^2(0)\rangle\,.$$

Nun gilt aber:

$$\langle\Delta^2\varphi(t)\rangle\ :\tau = 0 \Longrightarrow R_{\Delta\varphi}(0)$$
$$\langle\Delta\varphi^2(0)\rangle\ :t = 0\,,\tau = 0 \Longrightarrow R_{\Delta\varphi}(0)$$
$$\langle\Delta\varphi(t)\Delta\varphi(0)\rangle\ :t+\tau = 0\,,t = -\tau \Longrightarrow R_{\Delta\varphi}(-\tau) = R_{\Delta\varphi}(\tau)\,.$$

Daher ist (mit $\tau = t$)

$$\langle(\Delta\varphi(t) - \Delta\varphi(0))^2\rangle = 2\left[R_{\Delta\varphi}(0) - R_{\Delta\varphi}(t)\right]$$
$$= 2\int\limits_{-\infty}^{+\infty}\langle\,|\,\Delta\varphi(\Omega)\,|^2\,\rangle\left(1 - e^{j\Omega t}\right)\frac{d\Omega}{2\pi}\,. \tag{3.108}$$

Mit dem vorliegenden Phasenspektrum (3.107) lautet (3.108)

$$\langle(\Delta\varphi(t) - \Delta\varphi(0))^2\rangle = \frac{R}{2\pi S_0}I$$

$$\text{mit} \quad I = \int\limits_{-\infty}^{+\infty} \left[\frac{1 + \alpha^2 M^2(x)}{x^2} \right] \left(1 - e^{jxt}\right) dx \,.$$

Das Integral I kann mit Hilfe der Methode der Residuen

$$I = \oint \frac{f(z)dz}{(z-a)^{n+1}} = \frac{2\pi j}{n!} f^n(a)$$

bestimmt werden (Der Pol $z = a$ liegt in der oberen Halbebene der komplexen Zahl z, aber nicht auf der reellen Achse).

1) Der erste Beitrag zu I kommt von dem Pol zweiter Ordnung $\frac{1}{x^2}$. Dafür wird gesetzt $\lim_{\varepsilon \to 0} \frac{1}{(x+j\varepsilon)(x-j\varepsilon)}$, mit einem Pol erster Ordnung bei $x = j\varepsilon$. Damit wird

$$I_1 = \lim_{\varepsilon \to 0} \frac{2\pi j}{2j\varepsilon} \left(1 + \alpha^2 M(j\varepsilon)\right) \left(1 - e^{-\varepsilon t}\right) = \pi \left(1 + \alpha^2\right) \mid t \mid \,.$$

2) Der zweite Beitrag zu I kommt von zwei Polen erster Ordnung in

$$M^2 = \Omega_r^4 / \left(x^2 - \Omega_r^2 + j\gamma x\right)\left(x^2 - \Omega_r^2 - j\gamma x\right)$$

$$= \Omega_r^4 / \left(x^2 - \Omega_r^2 + j\gamma x\right) \left[x - \left(j\frac{\gamma}{2} + \sqrt{\Omega_r^2 - \frac{\gamma^2}{4}} \right) \right] \cdot$$

$$\cdot \left[x - \left(j\frac{\gamma}{2} - \sqrt{\Omega_r^2 - \frac{\gamma^2}{4}} \right) \right] \,.$$

Damit wird für $\gamma < \Omega_r$

$$I_2 = 2\pi j \alpha^2 \Omega_r^4 \left\{ \frac{1 - e^{j\Omega_r t}}{\Omega_r^2 (2j\gamma\Omega_r) 2\Omega_r} + \frac{1 - e^{-j\Omega_r t}}{\Omega_r^2 (-2j\gamma\Omega_r)(-2\Omega_r)} \right\}$$

$$= \frac{\pi\alpha^2}{2\gamma} \left[2 - \left(e^{j\Omega_r t} + e^{-j\Omega_r t}\right) \right] = \frac{\pi\alpha^2}{\gamma} \left(1 - \cos\Omega_r t\right) \,.$$

Die gesuchte Phasenvarianz lautet dann

$$\langle (\Delta\varphi(t) - \Delta\varphi(0))^2 \rangle =$$
$$= \frac{R}{2S_0} \left[(1 + \alpha^2) \mid t \mid + \frac{\alpha^2}{\gamma}(1 - \cos\Omega_r t) \right] . \qquad (3.109)$$

Die AKF des Feldes wird damit (vgl.(3.87))

$$\langle E(t)E^*(0) \rangle = A_0^2 \exp^{-[D_\varphi|t| + K(1 - \cos\Omega_r t)]} \cdot \exp^{j\omega_s t} \qquad (3.110)$$

mit

$$D_\varphi = \frac{R}{4S_0} \left(1 + \alpha^2 \right) \text{ (vgl. (3.89) und } K = \frac{\alpha^2 \cdot R}{4\gamma S_0} . \qquad (3.111)$$

Nach Einführung der Entwicklung

$$e^{K \cos\Omega_r t} = \sum_{m=-\infty}^{+\infty} I_m(K) e^{jm\Omega_r t}$$

worin $I_m(K)$ die modifizierten Besselfunktionen sind, erhält man das Leistungsspektrum aus

$$S_E(\omega) = \langle \mid E(\omega) \mid^2 \rangle =$$
$$= A_0^2 e^{-K} \sum_{m=-\infty}^{+\infty} I_m(K) \int_{-\infty}^{+\infty} e^{-D_\varphi|t|} \cdot e^{-j(\omega - \omega_s - m\Omega_r)t} dt .$$

Nach Integration ergibt sich das Ergebnis [16]

$$S_E(\omega) = \langle \mid E(\omega) \mid^2 \rangle =$$
$$= 2A_0^2 e^{-K} \sum_{m=-\infty}^{+\infty} \frac{I_m(K) \cdot D_\varphi}{(\omega - \omega_s - m\Omega_r)^2 + D_\varphi^2} . \qquad (3.112)$$

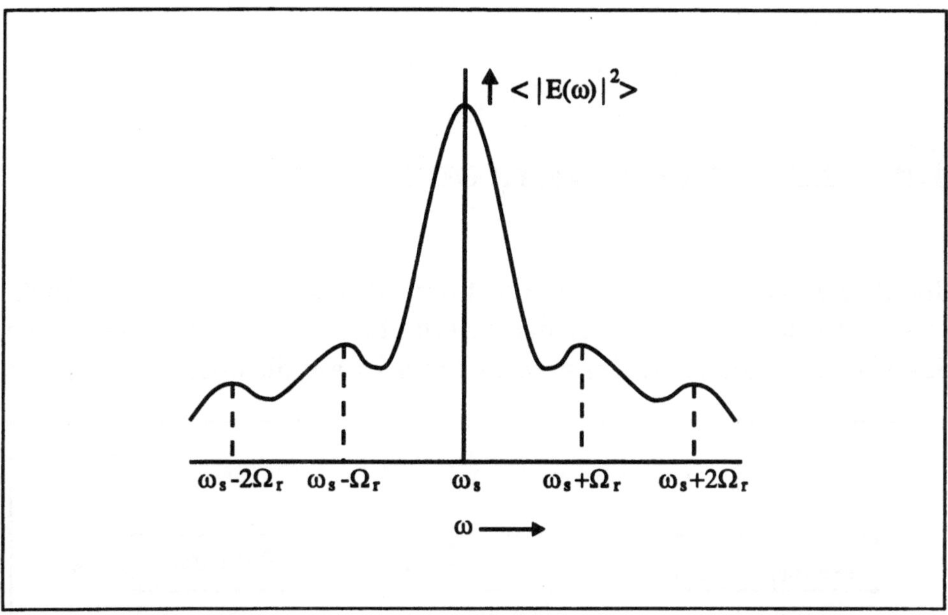

Bild 3.11: Das Leistungsspektrum $\langle | E(\omega) |^2 \rangle$ als Funktion von ω.

Bild 3.11 zeigt schematisch den Verlauf des Leistungsspektrums. Dieses Spektrum ist nun eine Summe von Lorentz-Verteilungen. Wegen $\alpha \neq 0(K \neq 0)$ treten jetzt bei $\omega = \omega_s \pm m\Omega_r$ Nebenmaxima auf, deren Größe von K abhängt. Da meist $K \leq 1$, nehmen die modifizierten Besselfunktionen und damit die Nebenmaxima mit wachsendem m rasch ab. Die Feinstruktur des Spektrums entsteht durch interne Frequenzmodulation als Folge von Schwankungen der Elektronendichte. Diese Relaxations-Schwankungen sind in der Umgebung von Ω_r maximal (vgl. auch Bild 3.10). Für $K \to 0$ bleibt in (3.112) nur übrig $I_0(0) = 1(I_m(0) = 0$ für $m = 1, 2 \ldots)$ und es entsteht die bekannte Lorentz-Verteilung (3.92).

3.8   Externe Synchronisation

Bild 3.12 zeigt das Schema der Synchronisationsanordnung . Um Rück-
wirkungen zu vermeiden, ist der externe Laser vom Test-Laser durch
einen Isolator getrennt. Der externe Laser ist auf die optische Frequenz

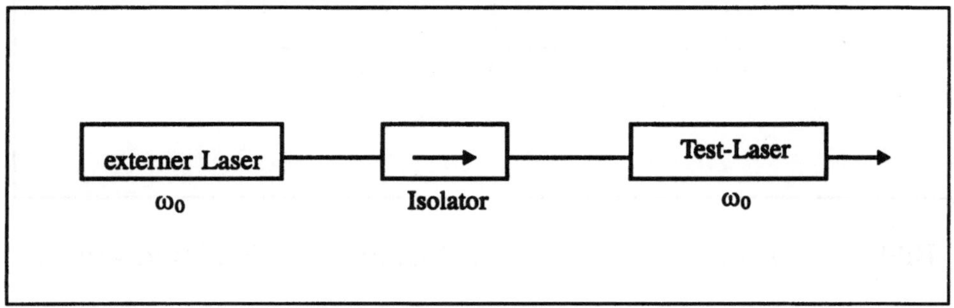

Bild 3.12: Schematische Anordnung für externe Synchronisation

ω_0 des Test-Lasers abgestimmt.
Die Einhüllende der Feldstärke des externen Lasers am Ort des Test-
Lasers sei

$$E_{ex} = A_{ex}e^{j\varphi_{ex}}$$

die des Test-Lasers

$$E = Ae^{j\varphi}\,.$$

Die modifizierte L.G. (3.24) für das elektrische Feld lautet damit

$$\dot{E} = \frac{1}{2\tau_{ph}}(1 + j\alpha)G_n(n - n_s)E + F(t) + E_{ex}/2\tau_c\,. \qquad (3.113)$$

Darin ist

$$\tau_c = n_g L/c \qquad (3.114)$$

die Photonen-Laufzeit durch den Resonator des Test-Lasers. Aus (3.113) folgen die L.G. für die Amplitude und Phase [14]

$$\dot{A} = \frac{1}{2\tau_{ph}}G_n \cdot (n - n_s)A + F_A(t) + \frac{A_{ex}}{2\tau_c}\cos(\varphi_{ex} - \varphi)$$

$$\dot{\varphi} = \frac{\alpha}{2\tau_{ph}}G_n \cdot (n - n_s) + F_\varphi(t) + \frac{A_{ex}}{2\tau_c A}\sin(\varphi_{ex} - \varphi) \qquad (3.115)$$

mit

$$\langle F_A(t)F_A(t')\rangle = \frac{R}{2}\delta(t - t')$$

$$\langle F_\varphi(t)F_\varphi(t')\rangle = \frac{R}{2A^2}\delta(t - t') . \qquad (3.116)$$

Aus dem Drift-Term von (3.115)

$$K = \frac{1}{2\tau_{ph}}AG_n \cdot (n - n_s) + \frac{A_{ex}}{2\tau_c}\cos(\varphi_{ex} - \varphi)$$

läßt sich, durch Anwendung der adiabatischen Approximation (vgl.Abschnitt 3.4) aus $K = -\frac{\partial V}{\partial A}$ ein erweitertes Potential $V(A, \varphi)$ ermitteln [4],

$$V(A, \varphi) = -\frac{1}{2}\alpha A^2 + \frac{1}{4}\gamma A^4 - \frac{AA_{ex}}{2\tau_c}\cos(\varphi_{ex} - \varphi)$$

das nicht mehr rotationssymmetrisch ist, sondern auch von der Phasendifferenz abhängt. Dieses Potential hat nun ein absolutes Minimum bei $\varphi = \varphi_{ex}$ (Bild 3.13).

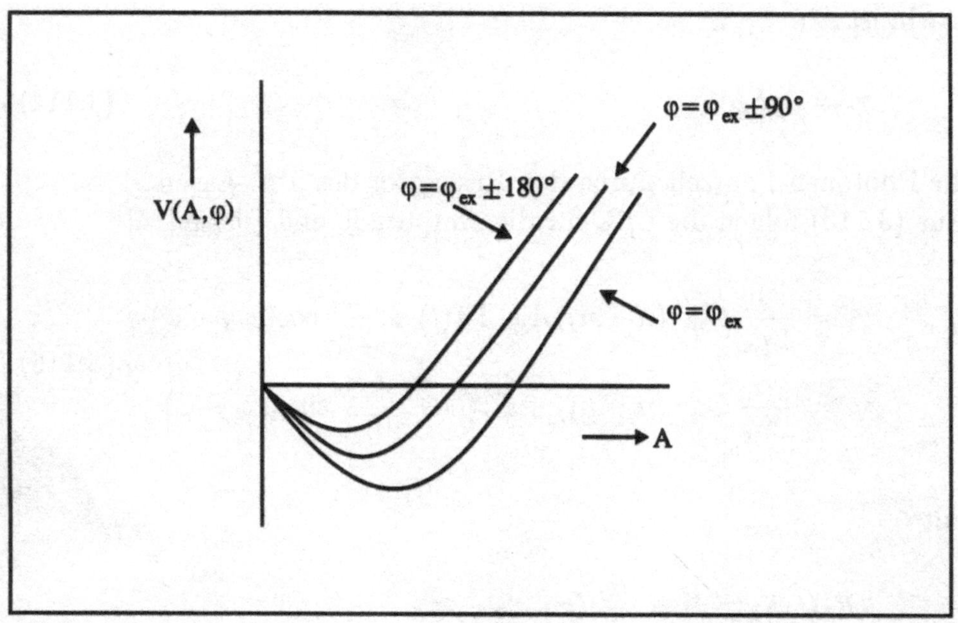

Bild 3.13: Potential $V(A, \varphi)$ als Funktion von A bei bestimmten Phasen φ

Durch Synchronisation wird die Phase des Test-Lasers bei $\varphi = \varphi_{ex}$ festgezurrt. Die sonst bei freilaufendem Laser bekannte Phasendiffusion ist nicht mehr möglich. Die Linienbreite ist dementsprechend geringer und wird nur noch durch Fluktuationen um den Wert $\varphi = \varphi_{ex}$ bestimmt.

Wegen Amplitudenstabilisierung (Bild 3.7) wird näherungsweise $A = A_0$ und $\dot{A} = 0$ gesetzt. Aus (3.115) folgt dann mit

$$\kappa = \frac{A_{ex}\tau_{ph}}{A_0\tau_c} \tag{3.117}$$

$$G_n \cdot (n - n_s) = -\left[\kappa \cos(\varphi_{ex} - \varphi) + \frac{2\tau_{ph}}{A_0}F_{A0}(t)\right] . \tag{3.118}$$

Mit den Kleinsignal-Näherungen

$$n = n_0 + \delta n \quad (n_0 \neq n_s \text{ durch externe Einstrahlung})$$
$$\varphi = \varphi_0 + \delta\varphi, \quad \varphi_{ex} = \varphi_{ex0} + \delta\varphi_{ex}, \quad \Theta = \Theta_0 + \delta\Theta$$
$$\text{worin} \quad \Theta = \varphi_{ex} - \varphi \quad \text{ist} \tag{3.119}$$

wird aus (3.118)

$$G_n\delta n = \kappa \sin\Theta_0\delta\Theta - \frac{2\tau_{ph}}{A_0}F_{A0}(t) \tag{3.120}$$
$$G_n \cdot (n_0 - n_s) = -\kappa \cos\Theta_0 \tag{3.121}$$

und aus der Kleinsignal-Approximation für $\dot{\varphi}$ in (3.115) folgt

$$\delta\dot{\varphi} = \frac{\alpha G_n}{2\tau_{ph}}\delta n + \frac{\kappa}{2\tau_{ph}}\cos\Theta_0\delta\Theta + F_{\varphi0}(t) \tag{3.122}$$
$$\alpha G_n \cdot (n_0 - n_s) = -\kappa \sin\Theta_0. \tag{3.123}$$

Mit (3.121) und (3.123) sind n_0 und Θ_0 eindeutig bestimmt. Die Dichteänderung δn in (3.122) wird mit (3.120) eliminiert

$$\delta\dot{\varphi} = \frac{\kappa}{2\tau_{ph}}\left[\alpha \sin\Theta_0 + \cos\Theta_0\right]\delta\Theta + F_{\varphi0}(t) - \frac{\alpha}{A_0}F_{A0}(t).$$

Mit den Abkürzungen

$$\alpha = \sqrt{1 + \alpha^2}\sin\Psi$$
$$1 = \sqrt{1 + \alpha^2}\cos\Psi$$

sowie

$$\Phi = \Theta_0 - \Psi \quad \text{und} \quad F_{\varphi\varphi} = F_{\varphi0} - \frac{\alpha}{A_0}F_A$$

erhält man für die Phasenänderung $\delta\dot\varphi$

$$\delta\dot\varphi = \left[\frac{\kappa\sqrt{1+\alpha^2}}{2\tau_{ph}}\cos\Phi\right]\delta\Theta + F_{\varphi\varphi}(t)\,.\tag{3.124}$$

Wegen der Existenz des Klammerausdrucks, ist (3.124) kein Wiener-Prozeß, sondern ein O.U.-Prozeß, wodurch für das Leistungsspektrum kein einfaches Lorentz-Spektrum zu erwarten ist.
In der Theorie der Phasen-Synchronisation [17, S.387] entspricht dieser Klammerausdruck dem Mitziehbereich (falls $\omega_{ex} \neq \omega_0$)

$$\Delta\omega_0 = \omega_{ex} - \omega_0 = \frac{\kappa\sqrt{1+\alpha^2}}{2\tau_{ph}}\cos\Phi\,.\tag{3.125}$$

Mit $d\varphi = \delta\dot\varphi/j\Omega$ und $\delta\varphi_{ex} = \delta\dot\varphi_{ex}/j\Omega$ lautet (3.124) schließlich ($\delta\Theta = \delta\varphi_{ex} - \delta\varphi$)

$$\delta\dot\varphi = \frac{\Delta\omega_0}{j\Omega}[\delta\dot\varphi_{ex} - \delta\dot\varphi] + F_{\varphi\varphi}(t)$$

woraus das FM-Rauschen des Test-Lasers ermittelt werden kann, wenn auch der externe Laser ein FM-Rauschen

$$S_{\dot\varphi_{ex}}(\Omega) = \langle|\,\delta\dot\varphi_{ex}(\Omega)\,|^2\rangle = 2D_{\varphi_{ex}}\tag{3.126}$$

aufweist und das FM-Rauschen des freilaufenden Test-Lasers durch

$$\begin{aligned}S_{\dot\varphi_0}(\Omega) &= \langle|\,\delta\dot\varphi_0(\Omega)\,|^2\rangle = \langle|\,F_{\varphi\varphi}(\Omega)\,|^2\rangle =\\[4pt]&= \frac{R}{2A_0^2}(1+\alpha^2) = 2D_\varphi\end{aligned}\tag{3.127}$$

gegeben ist (vgl. (3.88) und (3.89)). Dann ist

$$S_{\dot\varphi}(\Omega) = \frac{\Delta\omega_0^2 S_{\dot\varphi_{ex}}(\Omega) + \Omega^2 S_{\dot\varphi_0}(\Omega)}{\Omega^2 + \Delta\omega_0^2}\,.\tag{3.128}$$

Diese Darstellung des resultierenden FM-Rauschens (N.B.: $S_{\dot\varphi} \sim \delta f_{eff}^2$ entspricht dem Effektivwert des FM-Rauschhubs und kann direkt gemessen werden; vgl. Abschnitt 3.7) wurde erstmals von Hines et al. [18] für synchronisierte Mikrowellen-Oszillatoren abgeleitet.

Am Träger ($\Omega \to 0$) wird $S_{\dot\varphi}(0)$ durch das trägernahe FM-Rauschen des externen Lasers bestimmt. Weit ab vom Träger ($\Omega \to \infty$) wird $S_{\dot\varphi}(\infty)$ durch das FM -Rauschen des freilaufenden Test-Lasers festgelegt (Bild 3.14).

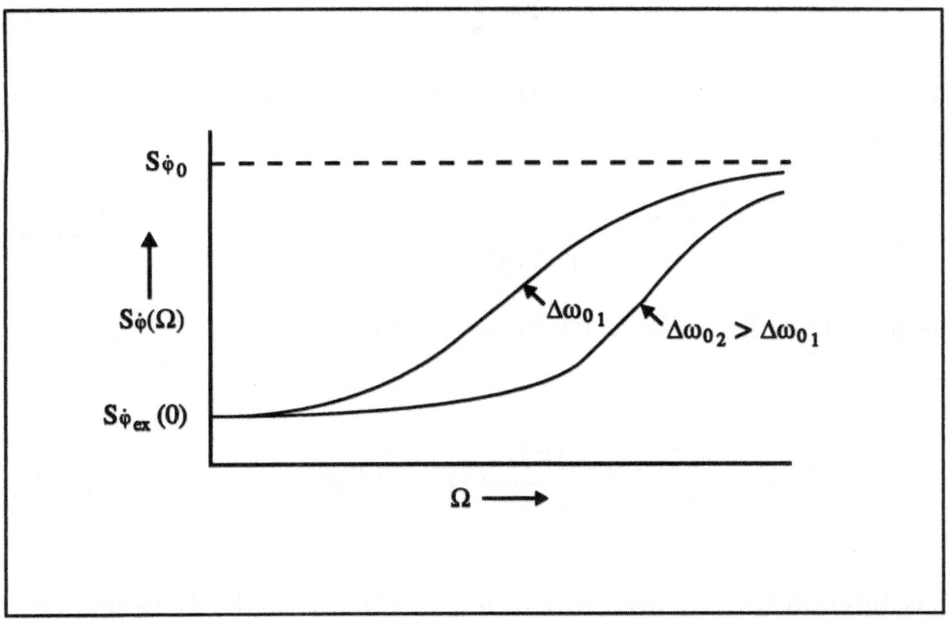

Bild 3.14: Verlauf des FM-Spektrums eines synchronisierten Lasers mit zwei verschiedenen Mitziehbereichen $\Delta\omega_{02} > \Delta\omega_{01}$

Damit durch Synchronisation eine Verbesserung des FM-Rauschens des Test-Lasers erreicht werden soll, muß

$$S_{\dot\varphi_{ex}}(0) \ll S_{\dot\varphi_0}(\Omega)$$

sein ($S_{\dot\varphi_0}(\Omega)$ ist „weiß"; vgl.(3.127)).

Da $\Delta\omega_0 \sim \kappa = \frac{A_{ex}}{A_0} = \sqrt{\frac{P_{ex}}{P_0}}$ ist, wird mit zunehmender Injektionsleistung der Bereich der FM-Rauschunterdrückung vergrößert (Bild 3.14).

Zur Bestimmung des Leistungsspektrums ist wieder zunächst die Phasen-Varianz erforderlich (vgl.(3.108))

$$\langle (\Delta\varphi(t) - \Delta\varphi(0))^2 \rangle = \frac{2}{2\pi} \int\limits_{-\infty}^{+\infty} S_\varphi(\Omega) \left(1 - e^{j\Omega t} \right) d\Omega \,.$$

Das Spektrum der Phase $S_\varphi(\Omega) = S_{\dot\varphi}(\Omega)/\Omega^2$ folgt aus (3.128) mit (3.126) und (3.127)

$$S_\varphi(\Omega) = \frac{2 \left[\Delta\omega_0^2 D_{\varphi ex} + \Omega^2 D_\varphi \right]}{\Omega^2 \left[\Omega^2 + \Delta\omega_0^2 \right]} \,. \tag{3.129}$$

Damit lautet die Varianz der Phasendifferenz

$$\langle (\Delta\varphi(t) - \Delta\varphi(0))^2 \rangle =$$
$$= \frac{2}{\pi} \int\limits_{-\infty}^{+\infty} \frac{\left[\Delta\omega_0^2 D_{\varphi ex} + \Omega^2 D_\varphi \right]}{\Omega^2 \left[\Omega^2 + \Delta\omega_0^2 \right]} (1 - e^{j\omega t}) d\Omega \,. \tag{3.130}$$

Das Integral (3.130) wird wieder mit der Methode der Residuen ausgewertet (vgl. Abschnitt 3.7)

1) Nenner: $\frac{1}{\Omega^2} = \lim\limits_{\varepsilon \to 0} \frac{1}{(\Omega+j\varepsilon)(\Omega-j\varepsilon)}$ hat einen Pol erster Ordnung bei $\Omega = j\varepsilon$

Das Residuum lautet

$$\text{Res.:} \lim\limits_{\varepsilon \to 0} \frac{2}{\pi} \frac{2\pi j}{2j\varepsilon} \frac{\left[\Delta\omega_0^2 D_{\varphi ex} - \varepsilon^2 D_\varphi \right]}{(\Delta\omega_0^2 - \varepsilon^2)} (1 - e^{-\varepsilon t}) \equiv 2 D_{\varphi ex} \, |t| \,.$$

2)Nenner: $\frac{1}{\Omega^2+\Delta\omega_0^2} = \frac{1}{(\Omega+j\Delta\omega_0)} \cdot \frac{1}{(\Omega-j\Delta\omega_0)}$ hat einen Pol erster Ordnung bei $\Omega = j\Delta\omega_0$.

Das Residuum lautet dann

$$\text{Res.:} \quad \frac{2}{\pi}\frac{2\pi j}{2j\Delta\omega_0}\frac{[\Delta\omega_0^2 D_{\varphi ex} - \Delta\omega_0^2 D_\varphi]}{(-\Delta\omega_0^2)}(1 - e^{-\Delta\omega_0 t})$$

$$= \frac{2}{\Delta\omega_0}[D_\varphi - D_{\varphi ex}]\left(1 - e^{-\Delta\omega_0|t|}\right).$$

Die Varianz der Phase lautet somit schließlich

$$\langle\delta\varphi^2\rangle = \langle(\Delta\varphi(t) - \Delta\varphi(0)^2)\rangle$$

$$= 2\left[D_{\varphi ex}\,|\,t\,| + \left(\frac{D_\varphi - D_{\varphi ex}}{\Delta\omega_0}\right)\left(1 - e^{-\Delta\omega_0|t|}\right)\right].\ (3.131)$$

Ist $D_\varphi = D_{\varphi ex}$ so wird $\langle\delta\varphi^2\rangle = 2D_{\varphi ex}|\,t\,|$. Bei schwacher Injektion $\Delta\omega_0\,|\,t\,| \ll 1$ wird aus (3.131) $\langle\delta\varphi^2\rangle = 2D_\varphi\,|\,t\,|$, das der Varianz des freilaufenden Test-Lasers entspricht. Bei starker Injektion ($\Delta\omega_0\,|\,t\,| \gg 1$) wird schließlich $\langle\delta\varphi^2\rangle$ wieder allein durch den externen Laser festgelegt: $\langle\delta\varphi^2\rangle = 2D_{\varphi ex}\,|\,t\,|$.

Das Leistungsspektrum lautet mit (3.131)

$$S_E(\Omega) = \langle|\,E(\Omega)\,|^2\rangle = A_0^2\int\limits_{-\infty}^{+\infty}\exp-\left[D_{\varphi ex}\,|\,t\,| + \right.$$

$$\left. + \frac{(D_\varphi - D_{\varphi ex})}{\Delta\omega_0}\left(1 - e^{-\Delta\omega_0|t|}\right)\right]\cdot e^{-j\Omega t}dt.$$

$$(3.132)$$

Dieses Integral kann wegen des Terms $\left(1 - e^{-\Delta\omega_0|t|}\right)$ analytisch nicht mehr ausgewertet werden. Die numerische und normierte Lösung von (3.132) ist in Bild 3.15 dargestellt.

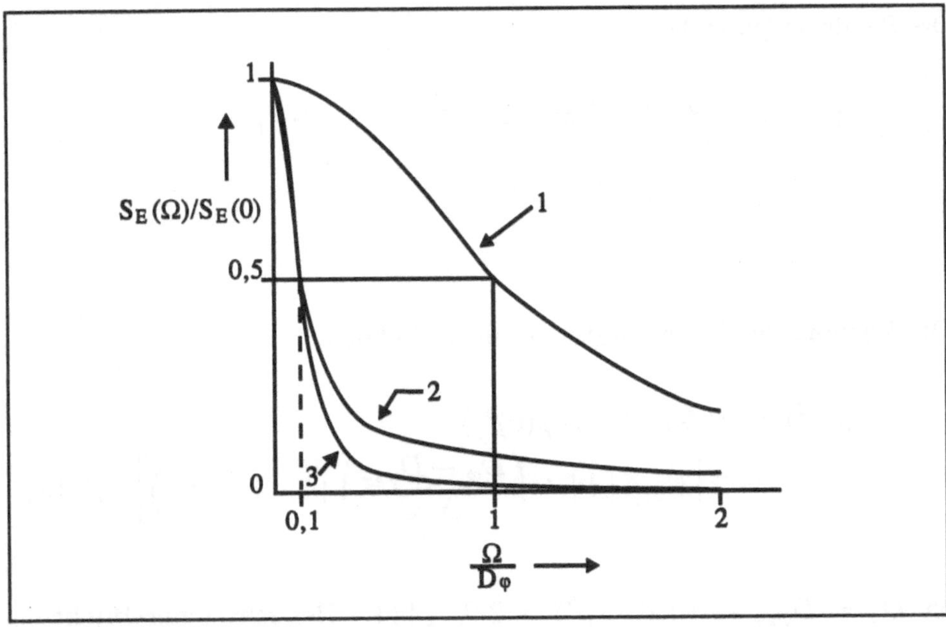

Bild 3.15: Normiertes Leistungsspektrum als Funktion der normierten Frequenzablage Ω/D_φ

1: freilaufender Test-Laser

2: Synchronisation mit $D_{\varphi_{ex}}/D_\varphi = 0,1$ und $\frac{\Delta\omega_0}{D_\varphi} = 1$

3: Synchronisation mit $D_{\varphi_{ex}}/D_\varphi = 0,1$ und $\frac{\Delta\omega_0}{D_\varphi} = 5$

Die Kurve 1 ist der freilaufende Test-Laser. Beim Absinken des normierten Leistungsspektrums auf $0,5$ ist $\Omega_{1/2} = D_\varphi$ und entspricht der Linienbreite $\Delta\nu = 2 \cdot D_\varphi/2\pi = D_\varphi/\pi$ (vgl.(3.93)). Bei mittlerer und starker Injektion (Kurve 2 und 3) bestimmt der externe Laser das Spektrum und die Einengung der Linienbreite. Am 50 % Punkt ist $\Omega_{1/2} = D_{\varphi_{ex}}$ und die Linienbreite entsprechend $\Delta\nu = D_{\varphi_{ex}}/\pi$. Dieses Ergebnis erhält man auch aus einer anderen Definition der Linienbreite [14]

$$\Delta\nu = \lim_{t\to\infty} \frac{\langle\delta\varphi(t)^2\rangle}{2\pi t} \tag{3.133}$$

womit aus (3.131) wiederum $\Delta\nu = D_{\varphi_{ex}}/\pi$ folgt. Die Definition (3.133) erlaubt mit (3.108) noch eine weitere Darstellung der Linienbreite

$$\Delta\nu = \frac{1}{2\pi^2} \lim_{t\to\infty} \int_{-\infty}^{+\infty} \frac{S_\varphi(\Omega)}{t} \left(1 - e^{j\Omega t}\right) d\Omega$$

$$= \frac{1}{2\pi^2} \lim_{t\to\infty} \int_{-\infty}^{+\infty} \frac{S_{\dot\varphi}(\Omega)}{\Omega^2 t} \left(1 - e^{j\Omega t}\right) d\Omega\,. \tag{3.134}$$

Hier trägt nur der Pol $\left[\frac{1}{\Omega^2} = \frac{1}{(\Omega+j\varepsilon)(\Omega-j\varepsilon)}\right]$ bei $\Omega = j\varepsilon$ zum Integral bei. Residuen von möglichen Polen in $S_{\dot\varphi}(\Omega)$ verschwinden nach der Limes-Bildung $t \to \infty$. Also gilt

$$\Delta\nu \lim_{t\to\infty} \lim_{\varepsilon\to 0} \frac{1}{2\pi^2} \frac{2\pi j}{2j\varepsilon t} S_{\dot\varphi}(j\varepsilon) \left(1 - e^{-\varepsilon t}\right) = \frac{1}{2\pi} S_{\dot\varphi}(0)\,. \tag{3.135}$$

Dieses Ergebnis ist auch in [1, S.200] zu finden, und ergibt mit (3.128) wieder

$$\Delta\nu = \frac{1}{2\pi} S_{\dot\varphi_{ex}}(0) = D_{\varphi_{ex}}/\pi\,. \tag{3.136}$$

Es sei darauf hingewiesen, daß die Darstellung der Linienbreite $\Delta\nu$ nach (3.133) bzw. (3.136) unabhängig von der Form des Leistungsspektrums ist.

4 Lawinenlaufzeit-Dioden und Schrotrauschen

4.1 Schrotrauschen

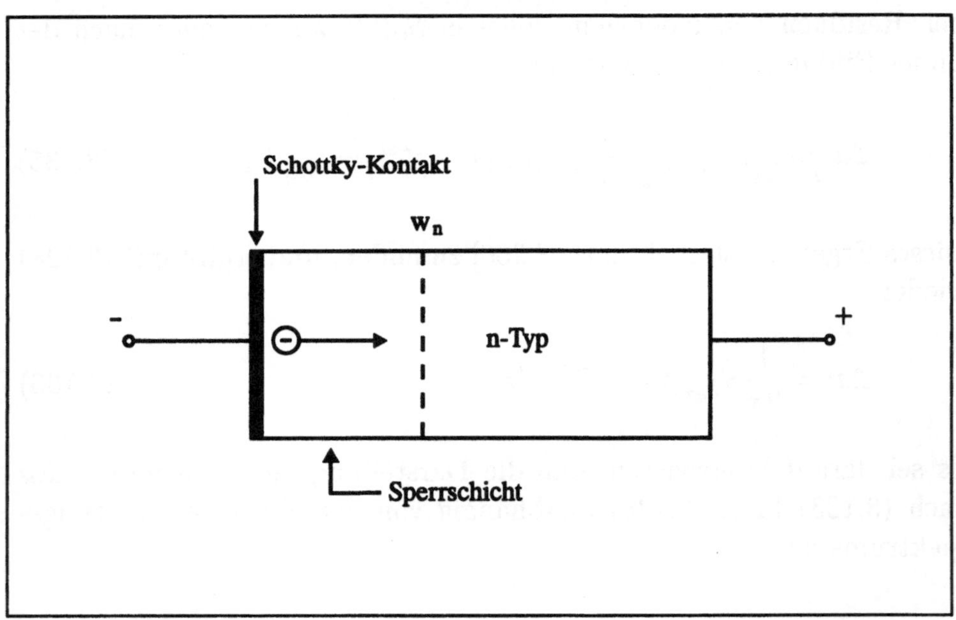

Bild 4.1: Schottky-Diode in Sperr-Richtung

Schrotrauschen ist mit der Elektronen-Emission eng verbunden, die hier am Beispiel einer in Sperrichtung gepolten Schottky-Diode beschrieben wird (Bild 4.1). Vernachlässigt man Sperrschicht-Rekombination, so wird der Strom von denjenigen Elektronen getragen, die vom Schottky-Kontakt durch die Sperrschicht zur Sperrschichtgrenze w_n emittiert werden.

Dieser Strom ist nicht konstant, da immer nur einzelne Elektronen am Schottky-Kontakt emittiert werden und somit in der Sperrschicht einen Stromimpuls hervorrufen. Werden Laufzeiteffekte vernachlässigt, so setzt sich dieser Strom aus einzelnen, statistisch unkorrelierten δ-Stromimpulsen zusammen (Bild 4.2).

$$I(t) = q\delta(t - t_i) \tag{4.1}$$

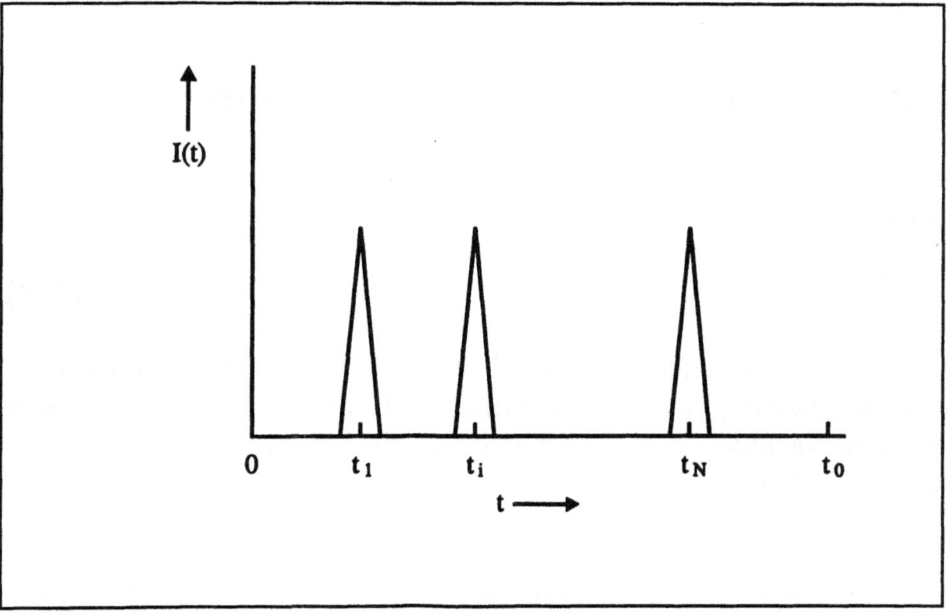

Bild 4.2: Stromimpulse durch Emission einzelner Elektronen

deren Zeitintegral $\int_{t_i-\varepsilon}^{t_i+\varepsilon} I(t)dt = q$ durch die Elementarladung q gegeben ist. Die Summe aller Stromimpulse $q \sum_i^N \delta(t - t_i)$ trägt zum Mittelwert des Stromes während der Beobachtungszeit $t_0 > t_N$ bei

$$\langle I(t) \rangle = I_0 = \frac{q}{t_0} \sum_i^N \int_0^{t_0} \delta(t - t_i)\,dt = \frac{N}{t_0}q \qquad (4.2)$$

wobei N Emissionsprozesse in der Zeit t_0 stattfinden. Somit ist

$$\frac{I_0}{q} = \frac{N}{t_0} = \mu \qquad (4.3)$$

die Zahl der Emissionsprozesse pro Zeiteinheit, die der Generationsrate entspricht.

4.2   Strom-Korrelationsfunktion

Gesucht ist

$$\langle \delta I(t) \delta I(t') \rangle = 2D\delta(t - t') , \qquad (4.4)$$

und damit auch der Diffusionskoeffizient D des Schrotrauschens. Ausgang ist die „Master-Gleichung" (M.G.) für Übergänge zwischen nächsten Nachbarn (vgl. Abschnitt 1.4), die hier vereinfachend lautet, da keine Rekombinationsprozesse auftreten ($R = 0$) [3, S.78] (vgl. Bild 4.3):

$$\dot{W}(m,t) = G(m-1,t)W(m-1,t) - G(m,t)W(m,t) \qquad (4.5)$$

wobei m wegen der diskreten Natur der generierten Ladungen nur diskrete Werte annehmen kann.

Mit $G(m-1,t) = G(m,t) = \mu$ lautet die M.G. für den Schrot-Effekt:

$$\dot{W} = \mu[W(m-1,t) - W(m,t)] . \qquad (4.6)$$

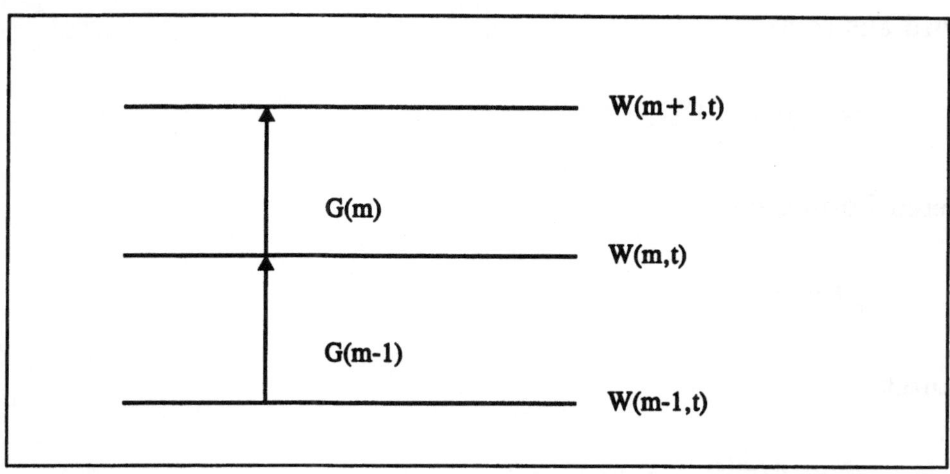

Bild 4.3: Mastergleichung des Schroteffekts mit $G(m-1) = G(m) = \mu = I_0/q$
$W(m-1,t)$: Übergangswahrscheinlichkeit am Schottky-Kontakt
$W(m,t)$: Übergangswahrscheinlichkeit in der Sperrschicht
$W(m+1,t)$: Übergangswahrscheinlichkeit bei w_n
(vgl. Bild 4.1)

Die Lösung erfolgt mit der erzeugenden Funktion

$$G(s,t) = \sum_m s^m W(m,t) \,. \tag{4.7}$$

Wird (4.6) auf beiden Seiten mit $\sum\limits_m s^m$ multipliziert, so ergibt sich mit (4.7)

$$\dot{G} = \mu \left[\sum_m s^m W(m-1,t) - \sum_m s^m W(m,t) \right] \,. \tag{4.8}$$

Wegen

$$\sum_m s^m W(m-1,t) = sG$$

wird aus (4.8)

$$\dot{G} = \mu(s-1)G,$$

deren Lösung mit

$$\mu t = \tau$$

lautet

$$G = Ae^{\mu t(s-1)} = Ae^{-\tau} \cdot e^{\tau s}.$$

Mit der Anfangsbedingung $G(s,0) = 1$ wird $A = 1$ und $G(s,\tau)$ lautet schließlich

$$G(s,\tau) = e^{-\tau} \sum_0^\infty \frac{(\tau s)^m}{m!} = \sum s^m W(m,\tau). \qquad (4.9)$$

Die Lösung für $W(m,t)$ ist dann die Poisson-Verteilung

$$W(m,t) = \tau^m e^{-\tau}/m!. \qquad (4.10)$$

Ist m die Zahl der Elementarladungen, so gilt bei der Poisson-Verteilung (vgl. Bild 4.4).

Mittelwert $\langle m \rangle = \tau = \mu t = I_0 t/q$

Varianz $\langle (m - \langle m \rangle)^2 \rangle = \sigma^2 \equiv \langle m \rangle = I_0 t/q$

Beim Übergang von m zur kontinuierlichen Variablen N, wobei N die Zahl der Elementarladungen ist, folgt aus (1.48) mit $R = 0$ und $G = \mu = I_0/q$ die F.P.G. für den Schroteffekt

$$\dot{W} = -\mu \frac{\partial W}{\partial N} + \frac{1}{2}\mu \frac{\partial^2 W}{\partial^2 N}. \qquad (4.11)$$

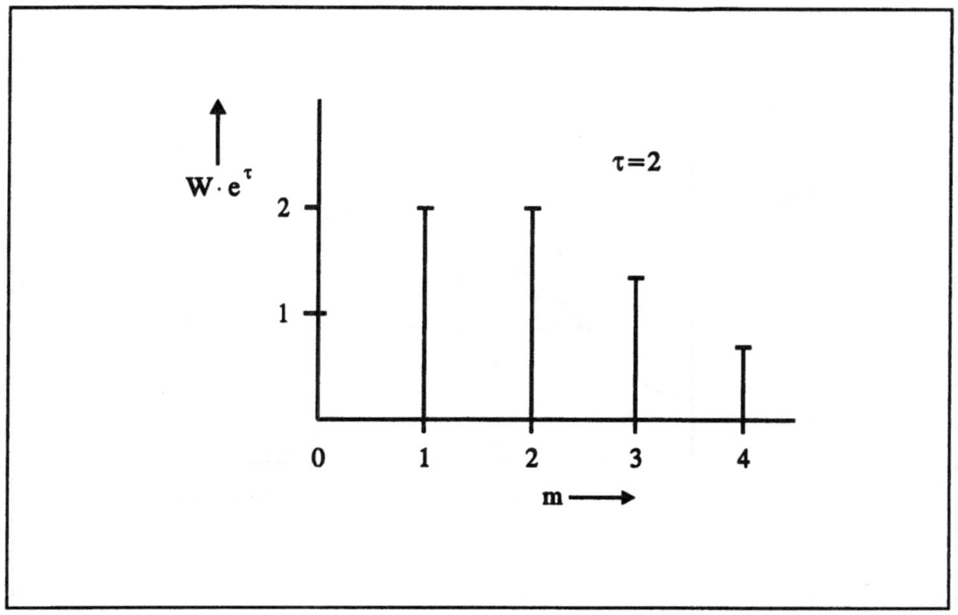

Bild 4.4: Normierte Poisson-Verteilung (4.10) des Schroteffektes

Die Lösung von (4.11) lautet mit der Anfangsbedingung $W(N,0) = \delta(N)$ [3, S.79] (vgl. auch (1.34))

$$W(N,t) = \frac{1}{\sqrt{2\pi\tau}}\,\exp{-(N-\tau)^2/2\tau}\,. \tag{4.12}$$

Gl. (4.12) ist eine verschobene Gaußsche Normalverteilung, die in Bild 4.5 dargestellt ist. Diese Verteilung geht für große N aus der Poisson-Verteilung (Bild 4.4) hervor und besitzt folgende Momente

$$\langle N \rangle = \tau = \mu \cdot t$$
$$\langle (N - \langle N \rangle)^2 \rangle = \sigma^2 = \tau\,.$$

Aus der F.P.G. (4.11) wird mit dem Drift-Term $K_N = \mu$ und der Diffusionskonstante $2D_{NN} = \mu$ die zugehörige L.G. aufgestellt

$$\dot{N} = \mu + g(t) \tag{4.13}$$

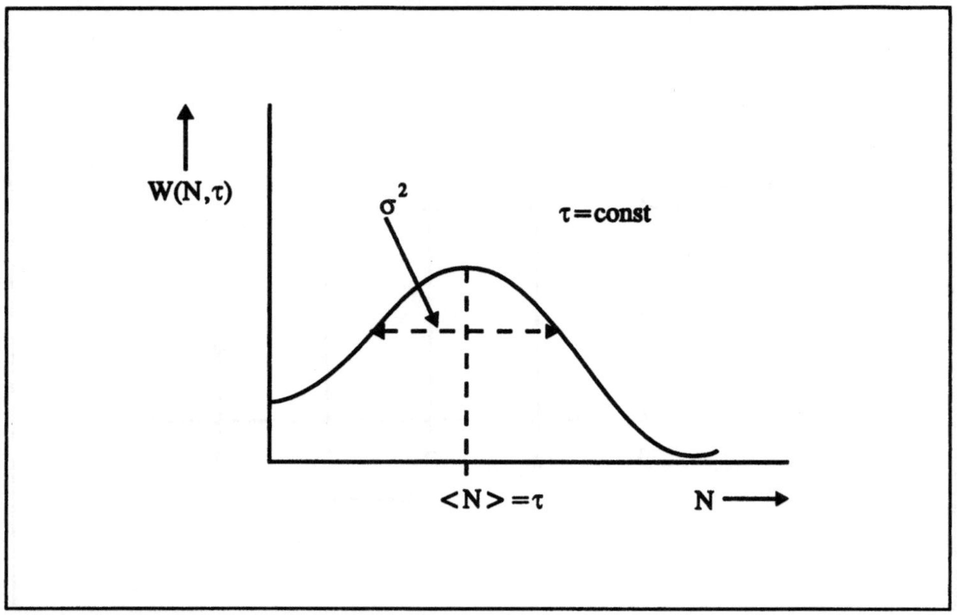

Bild 4.5: Verschobene Gauß-Verteilung (4.12)

mit

$$\langle g(t)g(t')\rangle = 2D_{NN}\delta(t-t') = \mu\delta(t-t')$$
$$= \frac{I_0}{q}\delta(t-t')\,.$$

Nun ist aber $q\dot{N} = \dot{Q} = I(t)$, so daß (4.13) umgeschrieben lautet

$$I(t) = I_0 + qg(t) \tag{4.14}$$
$$= I_0 + G(t)$$

mit

$$\langle G(t)G(t')\rangle = qI_0\delta(t-t')\,.$$

Mit dem Mittelwert

$$\langle I(t) \rangle = I_0 \tag{4.15}$$

folgt für den Rauschanteil des Stromes

$$\delta I(t) = I(t) - I_0 = G(t) \tag{4.16}$$

und dessen AKF

$$\langle \delta I(t) \delta I(t') \rangle = \langle G(t) G(t') \rangle = q I_0 \delta(t - t') \,. \tag{4.17}$$

Der gesuchte Diffusionskoeffizient des Schrotrauschens ist also

$$2D = q I_0 \,. \tag{4.18}$$

Aus (4.17) folgt für das "weiße" Leistungsspektrum

$$\langle |\, \delta I(\omega) \,|^2 \rangle = \int_{-\infty}^{+\infty} \langle \delta I(t) \delta I(t - \tau) \rangle e^{j\omega\tau} d\tau$$
$$= q I_0 \,. \tag{4.19}$$

Wird nach einem Filter mit der Bandbreite Δf gemessen, so gilt

$$\langle |\, \delta I(\omega) \,|^2_{\Delta f} \rangle = 2 \langle |\, \delta I(\omega) \,|^2 \rangle \Delta f = 2 q I_0 \Delta f \,. \tag{4.20}$$

4.3   Lawinenprozeß

Die Bewegungsgleichungen für Elektronen und Löcher sind die beiden Kontinuitätsgleichungen in einer Raumladungszone mit großer Feldstärke

$$\frac{\partial n}{\partial t} = \frac{1}{q}\frac{\partial J_n}{\partial x} + G \tag{4.21}$$

$$\frac{\partial p}{\partial t} = -\frac{1}{q}\frac{\partial J_p}{\partial x} + G \tag{4.22}$$

darin ist n die Elektronendichte, p die Löcherdichte und G die Generationsrate

$$G = v(\alpha n + \beta p) \tag{4.23}$$

worin α die Ionisationsrate für Elektronen, β die Ionisationsrate für Löcher und v die Sättigungsgeschwindigkeit ist. Das Feld ist so gerichtet, daß die Elektronenstromdichte $J_n = -qnv$ und die Löcherstromdichte $J_p = -qpv$ ist. Beim Übergang zu Strömen $I_n = AJ_n$, $I_p = AJ_p$ (A ist die Fläche der Raumladungszone) lauten (4.21) und (4.22):

$$\begin{aligned}
\frac{1}{v}\frac{\partial I_n}{\partial t} &= -\frac{\partial I_n}{\partial x} + \alpha I_n + \beta I_p + g(x,t) \\
\frac{1}{v}\frac{\partial I_p}{\partial t} &= \frac{\partial I_p}{\partial x} + \alpha I_n + \beta I_p + g(x,t)
\end{aligned} \tag{4.24}$$

darin ist $g(x,t)$ eine Langevin-Rauscheinströmung, welche die örtlich verteilten Rauschquellen durch den Lawinenprozeß berücksichtigt.

Die Langevin-Kontinuitätsgleichungen (4.24) müssen noch ergänzt werden durch die Poisson-Gleichung

$$\frac{\partial E}{\partial x} = \frac{q}{\varepsilon}(p - n) = \frac{1}{Av\varepsilon}(I_n - I_p) \tag{4.25}$$

und durch die Stromerhaltungsgleichung

$$I_{ges} = I_n + I_p + A\varepsilon\frac{\partial E}{\partial t}\,. \tag{4.26}$$

I_{ges} ist dabei der Gesamtstrom, der nur von der Zeit abhängen kann. Die Stromerhaltungsgleichung resultiert aus (4.25) und durch Subtraktion der beiden Kontinuitätsgleichungen. Die Summe der Teilchenströme in (4.26) ist der Konvektionsstrom

$$I = I_n + I_p\,. \tag{4.27}$$

I_{ges} ist also die Summe aus Konvektions-und-Verschiebungsstrom $(A\varepsilon\partial E/\partial t)$.

Die Rauscheinströmung $g(x,t)$ beim Lawinenprozeß entsteht dadurch, daß jedes Ladungsträger-Paar beim Durchlaufen des Lawinenbereiches nicht unbedingt (wie erwartet) ein weiteres Ladungsträger-Paar erzeugt, sondern gar keines, zwei oder mehr [19]. Diese Fluktuationen haben also einen gänzlich verschiedenen Charakter wie das Schrotrauschen, bei dem je ein Ladungsträger zu statistisch unkorrelierten Zeitpunkten erzeugt wird (Bild 4.2). Eine andere Interpretation des Lawinenrauschens ist das durch Ladungsträger- Multiplikation verstärkte Schrotrauschen [9, S.82]. Da die Ladungsträger-Erzeugung durch den Lawinenprozeß an statistisch unkorrelierten Orten erfolgt, ist $g(x,t)$ auch vom Ort abhängig und man spricht von „lokal verteilten Rauschquellen". Die AKF von $g(x,t)$ ist dann auch proportional $\delta(x-x')$ [4, S.187].

Die Bestimmung der AKF von $g(x,t)$ erfolgt nach Abschnitt 1.4. Dazu werden zunächst die beiden Langevin-Kontinuitätsgleichungen (4.24) addiert, woraus die sogenannte Lawinengleichung resultiert:

$$\frac{1}{v}\frac{\partial I}{\partial t} = \frac{\partial}{\partial x}(I_p - I_n) + 2(\alpha I_n + \beta I_p) + 2g(x,t)\,. \tag{4.28}$$

Der Lawinenbereich hat die Weite w. Zur Normierung von (4.28) wird die Zahl der von den einzelnen Strömen während der Laufzeit $\tau = \frac{w}{v}$ transportierten Elementarladungen eingeführt, nämlich

$$N = I\tau/q, \; N_n = I_n\tau/q \quad \text{und} \quad N_p = I_p\tau/q\,.$$

Damit lautet (4.28)

$$\frac{\partial N}{\partial t} = -v\frac{\partial}{\partial x}(N_n - N_p) + 2v(\alpha N_n + \beta N_p) + 2\frac{w}{q}g(x,t) \quad (4.29)$$

mit der AKF

$$4\frac{w^2}{q^2}\langle g(x,t)g(x',t')\rangle = 2Dw\delta(x-x')\delta(t-t')$$

(aus Dimensionsgründen muß hier $\delta(x - x')$ mit der Länge w des Lawinenbereiches multipliziert werden).

Aus (4.29) kann ein Drift-Term abgeleitet werden

$$K = 2v(\alpha N_n + \beta N_p) - v\frac{\partial}{\partial x}(N_n - N_p)\,.$$

Mit dem detaillierten Gleichgewicht folgt daraus (vgl.(1.50))

$$v\frac{\partial}{\partial x}(N_n - N_p)_0 = 2v(\alpha N_n + \beta N_p)_0\,.$$

Nach (1.49) folgt dann für den gesuchten Diffusionskoeffizienten

$$2D = 4v(\alpha N_n + \beta N_p)\,.$$

Die AKF von $g(x,t)$ wird damit

$$\langle g(x,t)g(x',t')\rangle = \frac{q^2 D}{2w}\delta(x-x')\delta(t-t')$$

$$= \frac{q^2}{w}v(\alpha N_n + \beta N_p)\delta(x-x')\delta(t-t')$$

bzw. mit $N_n = I_n w/vq$, $N_p = I_p w/vq$ schließlich

$$\langle g(x,t)g(x',t')\rangle = q(\alpha I_n + \beta I_p)\delta(x-x')\delta(t-t') \,. \qquad (4.30)$$

Dieses Ergebnis wurde (ohne Herleitung) bereits von Convert [20] verwendet. In (4.30) sind I_n und I_p allerdings ortsabhängig. Für viele Anwendungen ist aber auch der örtliche Mittelwert $\bar{I}_n$ und $\bar{I}_p$ ausreichend. Für $\alpha = \beta$ wird in (4.30) $\alpha(I_n + I_p) = \alpha I = const$.

4.4 Impedanz und Rauschmaß einer Read-Diode

Obwohl die Read-Diode ein relativ kompliziertes Dotierungsprofil $p^+n\nu n^+$ besitzt, eignet sich diese Struktur besonders gut zur einfachen und modellmäßigen Beschreibung der verschiedenen physikalischen Mechanismen, welche die gesamte Klasse von Lawinenlaufzeit-Dioden gemeinsam aufweist [9]. Der besondere Vorteil dieses Modells besteht darin, daß Lawinenprozeß und Driftprozeß getrennt behandelt werden können. Dies zeigt der schematische Feldverlauf einer in Sperrrichtung gepolten Read-Diode in Bild 4.6.

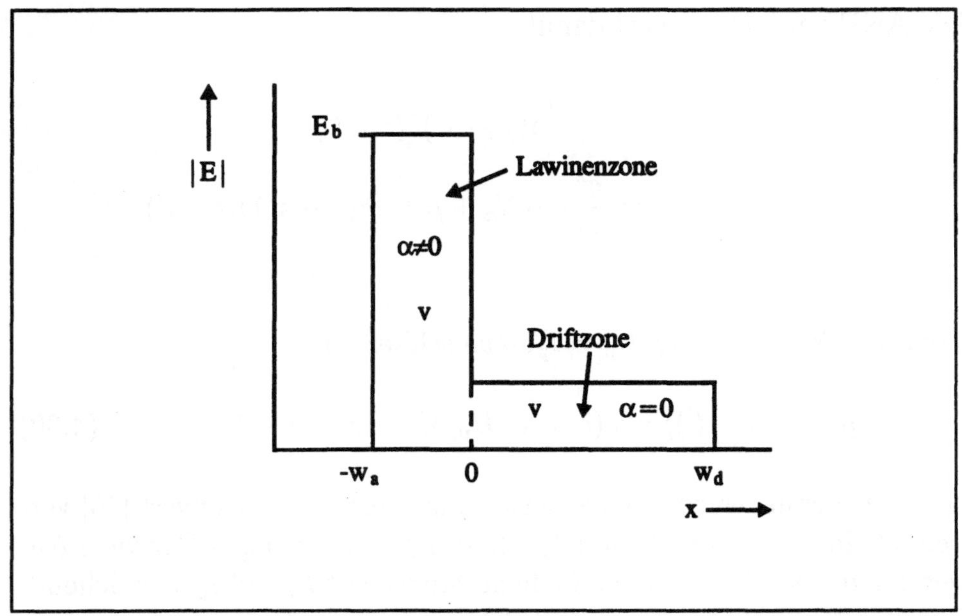

Bild 4.6: Schematischer Verlauf der Feldstärke einer Read-Diode

Innerhalb der Lawinenzone der Weite w_a, in der Elektronen und Löcher erzeugt werden, herrscht Durchbruchfeldstärke E_b. Nur die erzeugten Elektronen werden in die Driftzone der Weite w_d injiziert. In der Driftzone ist die Feldstärke soweit abgesunken, daß dort $\alpha = \beta = 0$ ist, die Elektronen aber immer noch mit Sättigungsgeschwindigkeit v driften.

In der Lawinenzone wird vereinfachend $\alpha = \beta$ gesetzt . Damit lautet die Lawinengleichung (4.28)

$$\frac{1}{v}\frac{\partial I}{\partial t} = \frac{\partial}{\partial x}(I_p - I_n) + 2\alpha I + 2g(x,t)\,. \tag{4.31}$$

Diese Gleichung wird weiter vereinfacht mit der quasistationären Annahme, daß I nur von der Zeit jedoch nicht vom Ort abhängt. Diese Annahme ist gleichbedeutend mit der Voraussetzung, daß die Kreisfrequenz ω so gering ist, daß gilt

$$(\omega\tau_a) \ll 1 \qquad\qquad (4.32)$$

worin τ_a die Laufzeit durch die Lawinenzone ist (vgl.(4.37)).
Somit gilt nach (4.27)

$$I(t) = I_n(x,t) + I_p(x,t)\,. \qquad\qquad (4.33)$$

Die Lawinengleichung (4.31) wird nun über die Weite w_a der Laufzeit-
zone integriert

$$\frac{1}{v}\int_{-w_a}^{0}\frac{dI}{dt}dx = \int_{-w_a}^{0}\frac{\partial}{\partial x}(I_p - I_n)dx + 2\int_{-w_a}^{0}\alpha I dx + 2\int_{-w_a}^{0}g(x,t)dx$$

und nun erhält man wegen (4.33)

$$\frac{w_a}{v}\frac{dI}{dt} = (I_p - I_n)\big|_{-w_a}^{0} + 2I\int_{-w_a}^{0}\alpha dx + 2\int_{-w_a}^{0}g(x,t)dx\,.$$

Der Term $(I_p - I_n)\,\big|_{-w_a}^{0}$ wird aus den Randbedingungen bestimmt,
daß unter Vernachlässigung des Sättigungsstromes [9] gilt

bei $x = -w_a : I_n = 0$ und wegen (4.33): $I_p = I$
bei $x = 0 : I_p = 0$ und wegen (4.33): $I_n = I$.

also wird $(I_p - I_n)\,\big|_{-w_a}^{0} = -I - I = -2I$.

Für $\int_{-w_a}^{0}g(x,t)dx$ wird $G(t)$ gesetzt mit der Korrelation

$$\langle G(t)G(t')\rangle = \int_{-w_a}^{0}dx'\int_{-w_a}^{0}\langle g(x,t)g(x',t')\rangle dx\,. \qquad\qquad (4.34)$$

Wegen $\alpha = \beta$ und $I_{n0} + I_{p0} = I_0$, worin I_0 der Gleichstrom ist, wird aus der Korrelation (4.30)

$$\langle g(x,t)g(x',t')\rangle = q\alpha I_0\delta(t - t')\delta(x - x') \tag{4.35}$$

und damit die örtlich gemittelte Korrelation (4.34)

$$\langle G(t)G(t')\rangle = qI_0\alpha w_a\delta(t - t')\,. \tag{4.36}$$

Ist τ_a die mittlere Laufzeit in der Lawinenzone [21]

$$\tau_a = \frac{w_a}{2v} \tag{4.37}$$

so lautet die „Read-Gleichung" schließlich

$$\tau_a\dot{I} = I\left[\int\limits_{-w_a}^{0} \alpha dx - 1\right] + G(t)\,. \tag{4.38}$$

welche einem O.U.-Prozeß entspricht.

Zur Bestimmung des stationären Zustands und zur Berechnung der Impedanz wird zunächst $G(t) = 0$ gesetzt.
Dann folgt aus (4.38) für $\frac{d}{dt} = 0$ bei endlichem $I = I_0$ die Durchbruchbedingung

$$\int\limits_{-w_a}^{0} \alpha dx = 1\,. \tag{4.39}$$

Die Ionisationsrate ist eine stark nichtlineare Funktion der Feldstärke $E : \alpha(E)$ (vgl. Bild 4.7). Da aber im Readmodell (vgl. Bild 4.6) in der Lawinenzone $E = E_b = const$ ist, vereinfacht sich (4.39) zu

$$\alpha w_a = 1\,. \tag{4.40}$$

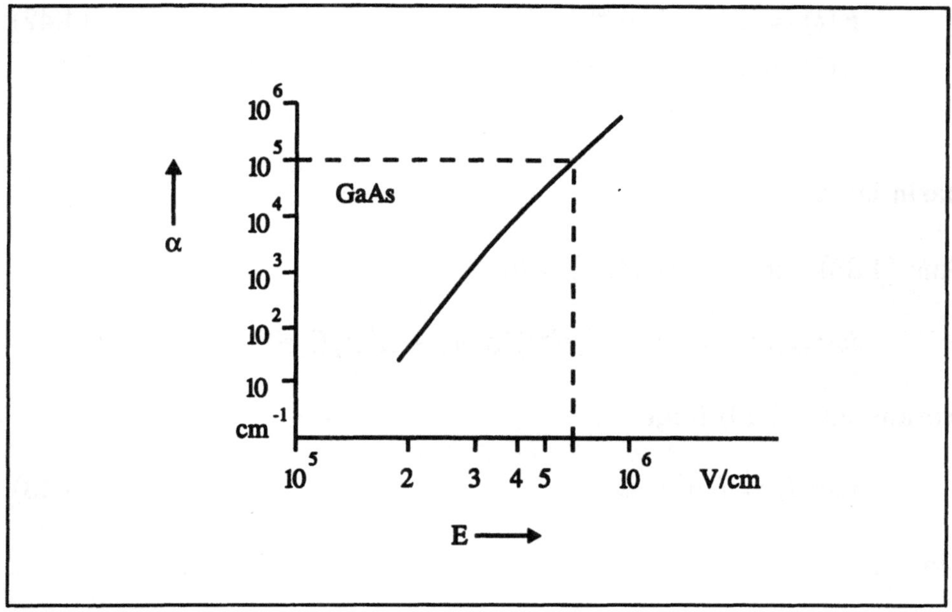

Bild 4.7: Ionisationsrate α als Funktion der Feldstärke E

Die Weite w_a der Lawinenzone ist demnach umgekehrt proportional zur Ionisationsrate α.

Eine Konsequenz von (4.40) ist, daß sich die Korrelationsfunktion (4.36) auf den gewöhnlichen Diffusionskoeffizienten des Schrotrauschens (vgl.(4.17)) reduziert

$$\langle G(t)G(t')\rangle = qI_0\delta(t - t')\,. \tag{4.41}$$

Aus der Durchbruchbedingung (4.40) folgt bei gegebenem w_a und $\alpha(E)$ (vgl. Bild 4.7) die Durchbruchsfeldstärke $E = E_b$ und die Durchbruchsspannung $U_b = w_a E_b$. Beispiel: $w_a = 0,1\,\mu m$. Damit ist $\alpha = 10^5\,1/cm$ und aus Bild 4.7 folgt für $E_b \simeq 6\cdot 10^5\,V/cm$ und für $U_b = 6\cdot 10^5\,V/cm\cdot 10^{-5}\,cm = 6\,V$.

Zur Berechnung der Kleinsignal-Impedanz werden die Kleinsignal-Näherungen eingeführt

$$I(t) = I_0 + I_1 e^{j\omega t}$$

$$E(t) = E_b + E_1 e^{j\omega t}$$
$$\alpha(t) = \alpha_0 + \alpha' E_1 e^{j\omega t} \tag{4.42}$$

darin ist $\alpha' = \frac{d\alpha}{dE}\,|_{E=E_b}$.

Aus (4.38) wird damit $(G(t) = 0)$

$$j\omega \tau_a I_1 e^{j\omega t} = (I_0 + I_1 e^{j\omega t})(\alpha_0 w_a + \alpha' w_a E_1 e^{j\omega t} - 1)$$

woraus mit (4.40) folgt

$$j\omega \tau_a I_1 = I_0 \alpha' w_a E_1 \,. \tag{4.43}$$

Da

$$w_a E_1 = U_{a1} \tag{4.44}$$

die an der Lawinenzone abfallende Wechselspannung ist und demnach der Konvektionsstrom induktiv ist, kann in der Lawinenzone keine Wirkleistung umgesetzt werden. Der Gesamt-Wechselstrom I_{ges1} ist nach (4.26) und (4.27)

$$I_{ges1} = I_1 + j\omega C_a U_{a1}$$
$$= j\omega C_a U_{a1} \left[1 - j\frac{I_1}{\omega C_a U_{a1}} \right] \tag{4.45}$$

worin C_a die geometrische Kapazität der Lawinenzone ist

$$C_a = A\varepsilon / w_a \,. \tag{4.46}$$

Mit (4.37) und (4.43) wird aus (4.45)

$$I_{ges1} = j\omega C_a U_{a1} \left[1 - j\frac{2I_0 \alpha' U_{a1} v}{j\omega^2 w_a U_{a1} A\varepsilon / w_a} \right]$$

und nach Einführung der Kleinsignal-Lawinen-Kreisfrequenz w_{a1}

$$\omega_{a1}^2 = \frac{2I_0\alpha'v}{A\varepsilon} \tag{4.47}$$

schließlich

$$I_{ges\,1} = j\omega C_a U_{a1}\left(1 - \frac{\omega_{a1}^2}{\omega^2}\right). \tag{4.48}$$

Aus diesem Ausdruck erhält man auch die reaktive Impedanz $(U_{a1}/I_{ges\,1})$ der Lawinenzone.

In der Driftzone ist $\alpha = 0$. Da nur Elektronen vorhanden sind, wird aus (4.24) mit $g(x,t) = 0$:

$$\frac{1}{v}\frac{\partial I_n}{\partial t} = -\frac{\partial I_n}{\partial x}. \tag{4.49}$$

Die Lösung von (4.49) ist

$$I_n(x,t) = Ae^{j[\omega t - \omega x/v]}. \tag{4.50}$$

Dies ist eine nach rechts driftende Elektronen-Raumladungswelle mit der Phasengeschwindigkeit, welche der Sättigungsgeschwindigkeit v entspricht. Die Konstante A ergibt sich aus der Randbedingung bei $x = 0$ und aus der Strom-Kontinuität, daß A gleich dem injizierten Lawinenstrom I_1 von (4.43) sein muß. Die Wechselkomponente von $I_n(x,t)$ ist dann

$$I_{n1} = I_1 e^{-j\omega x/v}. \tag{4.51}$$

Daraus erhält man den induzierten Strom [9, S.35]

$$I_{ind1} = \frac{1}{w_d}\int\limits_0^{w_d} I_{n1}(x)dx = I_1\Phi_d \tag{4.52}$$

worin Φ_d eine komplexe Laufwinkelfunktion ist

$$\Phi_d = \frac{1 - e^{-j\Theta}}{j\Theta} \tag{4.53}$$

und Θ ist der Laufwinkel in der Driftzone

$$\Theta = \omega w_d / v \,. \tag{4.54}$$

Der Gesamtstrom in der Driftzone ist dann die Summe aus induziertem Strom und Verschiebungsstrom

$$I_{ges_1} = I_1 \Phi_d + j\omega C_d U_{d1} \tag{4.55}$$

worin C_d die Kaltkapazität der Driftzone ist

$$C_d = A\varepsilon / w_d \,. \tag{4.56}$$

I_1 in (4.55) kann mit (4.45) auch durch den Gesamtstrom ausgedrückt werden

$$\begin{aligned}
I_{ges_1} &= I_1 + j\omega C_a U_1 \\
&= I_1 \left(1 + j\omega C_a U_1 / I_1\right) \\
&= I_1 (1 - \omega^2 / \omega_{a1}^2) \,.
\end{aligned} \tag{4.57}$$

Mit (4.48), (4.55) und (4.57) folgt schließlich für die Dioden-Impedanz

$$Z_1(\omega) = \frac{U_{a1} + U_{d1}}{I_{ges_1}} = \frac{1}{j\omega C_a(1 - \omega_{a1}^2 / \omega^2)} + \\
+ \frac{1}{j\omega C_d}\left[1 - \frac{\Phi_d}{1 - \omega^2 / \omega_{a1}^2}\right] \,. \tag{4.58}$$

Der Realteil dieser Impedanz ist

$$R_1(\omega) = \frac{(1 - \cos\Theta)/\Theta}{\omega C_d(1 - \omega^2/\omega_{a1}^2)} \,.$$

(4.59)

Da die Laufwinkelfunktion $(1 - \cos\Theta)/\Theta > 0\,für\,\Theta < 2\pi$, wird $R_1 < 0$ für alle Frequenzen $\omega > \omega_{a1}$. Die Lawinenfrequenz ω_{a1} ist deshalb eine untere Grenze für das Auftreten eines negativen Kleinsignal-Widerstandes.

Zur Bestimmung der Rauschspektren muß nun in (4.43) die Rauschein-strömung $G(\omega)$ eingeführt werden:

$$j\omega\tau_a I_1(\omega) = I_0\alpha' U_{a1}(\omega) + G(\omega) \,.$$

(4.60)

Aus der Stromerhaltungsgleichung

$$I_{ges_1} = j\omega C_a U_{a1} + I_1$$

folgt für den Kurzschluß $U_{a1} = 0 (I_{ges_1} = I_1)$ für das Schwankungsqua-drat des Kurzschlußstromes

$$\langle\, |\, I_1(\omega)\, |^2 \rangle = \frac{\langle |\, G(\omega)\, |^2 \rangle}{(\omega\tau_a)^2} = \frac{q I_0}{(\omega\tau_a)^2} \,.$$

(4.61)

Dies ist die spektrale Dichte des primären Rauschstromes, der bei Lawinenlaufzeit-Dioden von entscheidender Bedeutung ist.
Bei einer Weite der Lawinenzone $w_a = 0,2\,\mu m$ wird τ_a typischerweise $1\,ps$. Dies bedeutet, daß bei Frequenzen $f < \frac{1}{2\pi\tau_a} = 160\,GHz$ (wo-mit auch die Bedingung (4.32) für die Gültigkeit der quasistationären Näherung eingehalten wird) das Schrotrauschen durch den Lawinen-prozeß erheblich vergrößert wird.

Bei Leerlauf ist $I_{ges_1} = 0$ und damit $I_1 = -j\omega C_a U_{1a}$. Aus (4.60) folgt dann

$$\left(\omega^2\tau_a C_a - I_0\alpha'\right) U_{a1} = G(\omega)$$

bzw.

$$\langle\, |\, U_{a1}(\omega)\, |^2\, \rangle = \frac{q I_0}{C_a^2 \omega^4 \tau_a^2 \left(1 - \omega_{a1}^2/\omega^2\right)^2}$$
$$= \frac{q I_0}{(\omega \tau_a)^2} \cdot \frac{1}{\omega^2 C_a^2 \left(1 - \omega_{a1}^2/\omega^2\right)^2} \, . \tag{4.62}$$

Mit der Impedanz der Lawinenzone (vgl.(4.48))

$$Z_{a1}(\omega) = \frac{1}{j\omega C_a \left(1 - \omega_{a1}^2/\omega^2\right)}$$

lautet die spektrale Dichte der Leerlaufspannung

$$\langle\, |\, U_{a1}(\omega)\, |^2\, \rangle = \langle\, |\, I_1(\omega)^2\, \rangle \cdot |\, Z_{a1}\, |^2 \, . \tag{4.63}$$

Die Leerlauf-Rauschspannung ist also die Quelle, die den Kurzschluß-strom erzeugt. Z_{a1} entspricht dem Innenwiderstand dieser Quelle.

Den schematischen Verlauf von $\langle\, |\, U_{a1}(\omega)\, |^2\, \rangle$ als Funktion der Kreis-frequenz zeigt Bild 4.8. Danach hat $\langle\, |\, U_{a1}(\omega)\, |^2\, \rangle$ einen Pol bei der Lawinen-Kreisfrequenz ω_{a1}.

Für $\omega \to 0$, also im NF-Bereich, hat $\langle\, |\, U_{a1}(\omega)\, |^2\, \rangle$ ein Plateau mit dem Wert

$$\langle\, |\, U_{a1}(\omega)\, |^2\, \rangle = \frac{q I_0}{\tau_a^2 \omega_{a1}^4 C_a^2} = \frac{q}{\alpha'^2 \cdot I_0} \tag{4.64}$$

nimmt also mit $1/I_0$ ab. Im interessierenden Bereich $\omega > \omega_{a1}$, bei dem der Dioden-Widerstand negativ ist, nimmt $\langle\, |\, U_{a1}(\omega)\, |^2\, \rangle$ wie $1/\omega^4$ rasch ab.

Benötigt wird die Gesamt-Leerlauf-Rauschspannung $\langle\, |\, U_{1t}(\omega)\, |^2\, \rangle$,

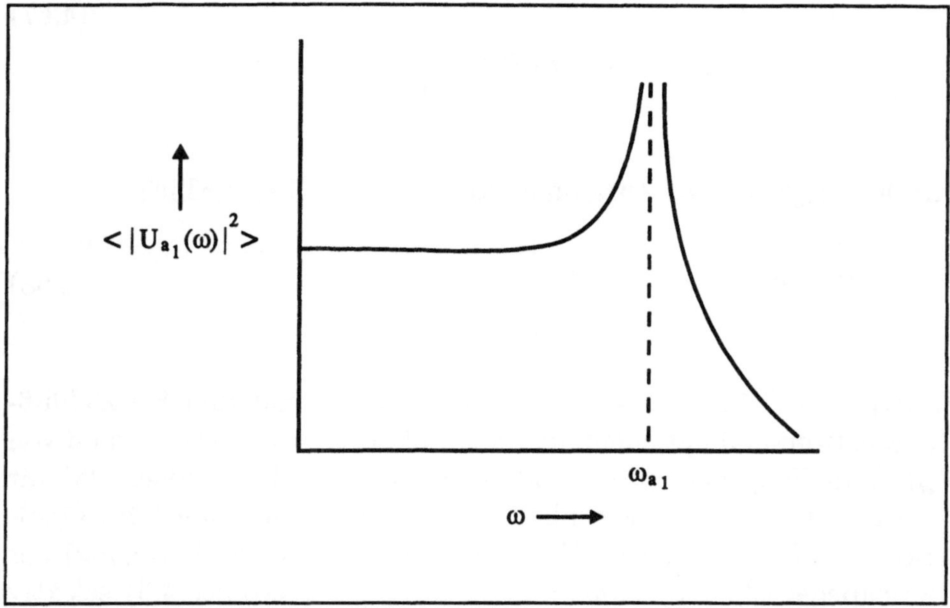

Bild 4.8: Spektrale Dichte der Leerlauf-Rauschspannung als Funktion der Kreisfrequenz

die an den Klemmen der Diode auftritt. Zu dieser Gesamt-Leerlauf-Rauschspannung trägt auch noch die Phasenverzögerung durch die Driftzone bei. Das Verhältnis U_{d1}/U_{a1} erhält man aus den beiden Stromerhaltungsgleichungen (4.45) und (4.55) im Leerlauf ($I_{ges_1} = 0$):

$$\frac{U_{d1}}{U_{a1}} = \frac{C_a \Phi_d}{C_d} = \frac{w_d \Phi_d}{w_a}.$$

(4.65)

Somit gilt

$$U_{t1} = U_{d1} + U_{a1} = U_{a1}\left(1 + \frac{w_d}{w_a}\Phi_d\right)$$

(4.66)

und das Gesamt-Leerlauf-Spektrum lautet

$$S_{ut}(\omega) = \langle| U_{t1}(\omega) |^2\rangle = \langle| U_{a1}(\omega) |^2\rangle \; | 1 + \frac{w_d}{w_a}\Phi_d |^2$$

$$= \langle |\, U_{a1}(\omega)\, |^2 \rangle \, |\, \Phi\, |^2 \left(\frac{w_d}{w_a}\right)^2 \tag{4.67}$$

mit $\Phi = w_a/w_d + \Phi_d$. Zusammen mit (4.62) wird schließlich

$$S_{ut}(\omega) = \frac{q I_0\, |\, \Phi\, |^2}{(\omega \tau_a)^2 \left[\omega C_d (1 - \frac{\omega_{a1}^2}{\omega^2})\right]^2}. \tag{4.68}$$

$S_{ut}(\omega) = \langle |\, U_{t1}(\omega)\, |^2 \rangle$ ist also wieder proportional zum Kurzschluß-Rauschstrom und hat ebenfalls einen Pol bei $\omega = \omega_{a1}$. Der Verlauf von $S_{ut}(\omega)$ als Funktion von ω ist ähnlich dem in Bild 4.8, außer, daß für $\omega \gg \omega_{a1}$ durch die Anwesenheit der Laufwinkelfunktion $|\, \Phi\, |$ Oszillationen auftreten können. Es sei darauf hingewiesen, daß $S_{ut}(\omega)$ der Rauschpegel ist, der bei $\omega = \omega_0 > \omega_a$ (vgl. Abschnitt 4.5) selektiv (durch die Blindanteile der Diode und Last) verstärkt wird und zur Oszillator-Leistung führt.

Im Kapitel 2 (Gl. (2.30)) wurde bereits die AKF eines negativen Widerstandes eingeführt. Mit dem hier vorliegenden (negativen) Kleinsignal-Wirkwiderstand R_1 (vgl. (4.59)) gilt dementsprechend hier für die spektrale Dichte

$$\langle |\, U_{t1}(\omega)\, |^2 \rangle = 2 k_B T_{äq}\, |\, R_1\, |. \tag{4.69}$$

Aus (4.69) kann nun die äquivalente Rauschtemperatur $T_{äq}$ ermittelt werden. Das Verhältnis $T_{äq}/T_0$ wird dann als Kleinsignal-Rauschmaß M_1 bezeichnet (vgl. auch (2.65)):

$$M_1 = \frac{\langle |\, U_{t1}(\omega)\, |^2 \rangle}{2 k_B T_0\, |\, R_1\, |} = T_{äq}/T_0. \tag{4.70}$$

Durch Einführung des optimalen Rauschmaßes für Lawinenlaufzeit-Dioden [22]

$$M_{1\,opt} = q/2\alpha' k_B T_0 \tag{4.71}$$

lautet (4.70)

$$M_1 = M_{1\,opt} \cdot \frac{2\,|\,\Phi\,|^2}{\left(\frac{w_a}{w_d}\right)^2 |\,\left(1 - \frac{\omega_{a1}^2}{\omega^2}\right)(1 - \cos\Theta)\,|} \, . \qquad (4.72)$$

Wird in (4.70) R_1 durch den negativen Großsignal-Wirkwiderstand R (4.80) ersetzt (bzw. $\omega_{a1} \to \omega_a$; vgl.(4.79)), so kann auch der Effektivwert des Frequenzhubes δf_{eff} (2.66) und damit die Linienbreite $\Delta\nu$ des Oszillators mit Lawinenlaufzeit-Diode berechnet werden (vgl: (2.80)). Damit sind mit Kenntnis von $\langle|\,U_{t1}(\omega)\,|^2\rangle$ die wichtigsten dynamischen Eigenschaften dieses Oszillators bekannt.

Beispiel: Für $w_a = 0,1\,\mu m$ ist $\alpha = 10^5\,1/cm$ (Bild 4.7). Nach Misawa [23] liegt das zugehörige α' bei $0,3\,1/V$. Das optimale Rauschmaß ist mit $k_B T_0/q = 1/40\,V$ dann $M_{1\,opt} = \frac{40}{2\cdot0,3} = 66,7$ also $18,2\,dB$, bzw. $T_{äq}$ liegt bei etwa $2 \cdot 10^4\,K$ für $M_1 = M_{1\,opt}$.

4.5 Großsignal-Wirkwiderstand und -Rauschen

Die „Read-Gleichung" (4.38) wird bei zunehmener Spannungsamplitude an der Lawinenzone wegen des Produktes $I \cdot \alpha$ extrem nicht-linear. Setzt man

$$U_a(t) = U_b + \hat{U}_a \sin\omega t$$

und

$$\alpha = \alpha_0 + \frac{\alpha'}{w_a}\,(U_a(t) - U_b) = \alpha_0 + \frac{\alpha'}{w_a}\hat{U}_a \sin\omega t$$

so wird aus (4.38) die Großsignal-Readgleichung

$$\frac{dI}{dt} = I \cdot \frac{\alpha'\widehat{U}_a}{\tau_a}\sin\omega t + \frac{G(t)}{\tau_a}\,. \tag{4.73}$$

Zunächst wird $G(t) = 0$ gesetzt. Die Lösung von (4.73) ist dann

$$I(t) = Ce^{-u\cos\omega t} \tag{4.74}$$

mit der normierten Amplitude

$$u = \frac{\alpha'\widehat{U}_a}{\omega\tau_a}\,. \tag{4.75}$$

Für (4.74) gibt es die Fourier-Entwicklung

$$I(t) \;=\; CI_0(u)\sum_{n=-\infty}^{+\infty}(-1)^n M_n e^{j\omega nt}$$

mit

$$M_n \;=\; I_n(u)/I_0(u) \tag{4.76}$$

worin $I_n(u)$ die modifizierte Besselfunktion der Ordnung n ist. Mit dieser Darstellung kann die Integrationskonstante C mit der Bedingung bestimmt werden, daß der zeitliche Mittelwert von (4.76) gleich dem Gleichstrom I_0 ist

$$I_0 = \frac{1}{T}\int_0^T I(t)dt = CI_0(u)\,.$$

Damit lautet (4.74) und (4.76)

$$I(t) = \frac{I_0}{I_0(u)}e^{-u\cos\omega t} = I_0\sum_{n=-\infty}^{+\infty}(-1)^n M_n e^{j\omega nt}\,. \tag{4.77}$$

Nach (4.77) eilt der Strom auch im Großsignal-Bereich der Spannung um 90° nach. Nun ist $I(t)$ eine stark nichtsinusförmige Funktion der Zeit, die sich mit zunehmender Amplitude u immer stärker einem periodischen δ-Impuls annähert [9, S.40].

Setzt man aus (4.77) die Grundschwingung $I(t) = \hat{I}\cos\omega t = -2I_0 M_1(u)\cos\omega t$ in die Stromerhaltungsgleichung $I_{ges}(t) = I(t) + C_a\frac{dU_a}{dt}$ ein, so folgt für den Gesamtstrom

$$I_{ges}(t) = \left[-2I_0 M_1 + \varepsilon A\omega\hat{U}_a/w_a\right]\cos\omega t$$

$$= \hat{I}\left[1 - \frac{\varepsilon A\omega\hat{U}_a}{2I_0 M_1 w_a}\right]\cos\omega t$$

$$= \hat{I}\left[1 - \frac{\varepsilon A\omega^2 u}{4I_0\alpha'v M_1(u)}\right]\cos\omega t$$

$$I_{ges}(t) = \hat{I}\left[1 - \omega^2/\omega_a^2\right]\cos\omega t. \tag{4.78}$$

Resonanz tritt jetzt bei der aussteuerungsabhängigen Großsignal-Lawinenkreisfrequenz

$$\omega_a(u) = \omega_a = \omega_{a1}\sqrt{\frac{2M_1(u)}{u}} \tag{4.79}$$

auf.

Der Verlauf von $(\omega_a/\omega_{a1})^2$ als Funktion von u ist in Bild 4.9 dargestellt. Für $u = 0$ wird $\omega_a = \omega_{a1}$; mit zunehmendem u sinkt $(\omega_a/\omega_{a1})^2$ ab und erreicht z. B. bei $u = 3,5$ den Wert $0,5$.

Da sich die Driftzone im Read-Modell auch bei großen Amplituden linear verhält (vgl. Abschnitt 4.4), wird das Großsignal-Verhalten allein durch $\omega_a(u)$ beschrieben. Die Großsignal-Impedanz erhält man, indem man in Z_1 (vgl. (4.58)) ω_{a1} durch ω_a ersetzt. Für den aussteue-

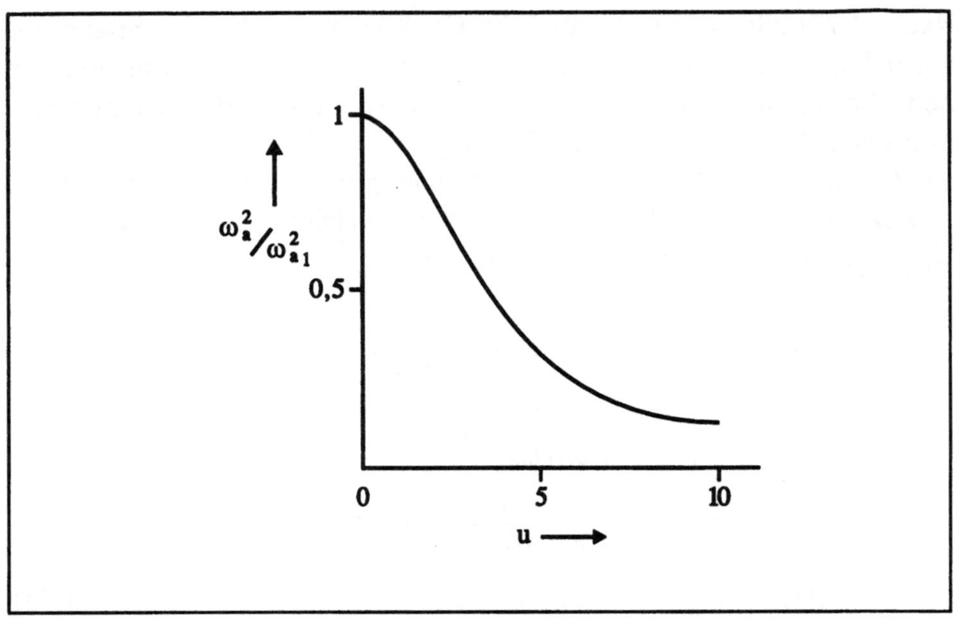

Bild 4.9:   Normierte Großsignal-Lawinenkreisfrequenz als Funktion
             der normierten Amplitude u

rungsabhängigen Wirkanteil der Diodenimpedanz folgt demnach aus
(4.59)

$$R(\omega, u) = \frac{(1 - \cos(\Theta))/\Theta}{\omega C_d \left[1 - \omega^2/\omega_a^2(u)\right]} \tag{4.80}$$

der nun für $\omega > \omega_a$ negativ wird.

Mit $R(\omega, u)$ kann ein Schwingkreis entdämpft werden und das
Oszillator-Verhalten nach Kapitel 2 angewendet werden. Hier wird
nur die stabile Amplitude u_0 berechnet, wenn der Diodenwiderstand
(4.80) mit einem Lastwiderstand R_L abgeschlossen wird. Die Dioden-
reaktanz bestimmt mit der Lastreaktanz die Oszillator-Kreisfrequenz
ω_0. Wegen $\omega_a \sim \omega_{a1} \sim \sqrt{I_0}$ hängt der Diodenwiderstand auch von I_0
ab: $R(\omega_0, I_0, u_0)$.

Gesucht ist der Zusammenhang zwischen I_0 und u_0. Im eingeschwungenen Zustand ist $|R(\omega_0, I_0, u_0)| = R_L$. Für $I_0 = 0$ wird $\omega_a = 0$ und $u_0 = 0$ (vgl. Bild 4.10).

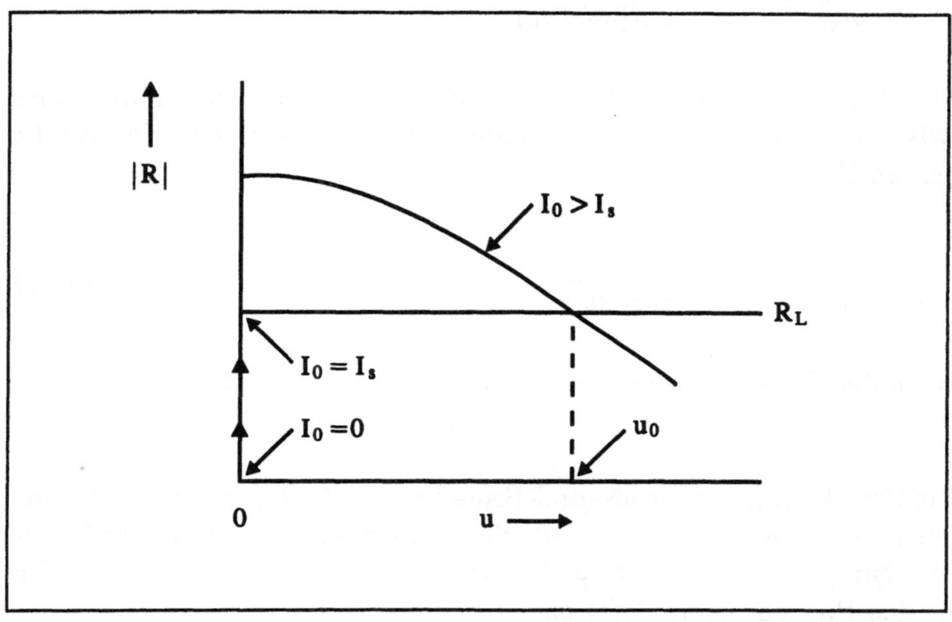

Bild 4.10: Zusammenhang zwischen Gleichstrom I_0 und stabiler Amplitude u_0 als Folge der Schwingbedingung $|R| = R_L$ (I_s ist der Schwellenstrom)

Mit zunehmendem I_0 nimmt $|R(\omega_0, I_0, 0)|$ zu, jedoch mit $u_0 = 0$ solange nicht die Schwingbedingung beim Schwellenstrom $I_0 = I_S$ erfüllt ist. In diesem Zustand gilt

$$\frac{\omega_0^2}{\omega_{a1s}^2} = \frac{(1 - \cos\Theta)/\Theta}{\omega_0 C_d R_L} + 1\,. \tag{4.81}$$

Ist weiter $I_0 > I_S$ so gilt nun

$$\frac{\omega_0^2}{\omega_a^2} = \frac{(1 - \cos\Theta)/\Theta}{\omega_0 C_d R_L} + 1 \tag{4.82}$$

wobei sich nun eine stabile Amplitude u_0 einstellt. Aus der Gleichheit
der beiden rechten Seiten von (4.81) und (4.82) folgt

$$\frac{\omega_0^2}{\omega_{a1s}^2} = \frac{\omega_0^2}{\omega_a^2} = \frac{\omega_0^2 u_0}{\omega_{a1}^2 2M_1(u_0)} \,.$$

Aus dieser Beziehung kann schließlich der gesuchte Zusammenhang
zwischen erforderlichem Gleichstrom I_0 und Amplitude u_0 dargestellt
werden [24]

$$\frac{I_0}{I_S} = \frac{\omega_{a1}^2}{\omega_{a1s}^2} = \frac{u_0}{2M_1(u_0)} \,, \tag{4.83}$$

worin der Schwellenstrom I_S durch (4.81) bestimmt ist.

Zur Berechnung der Großsignal-Rauscheigenschaften im eingeschwungenen Zustand $(\omega = \omega_0)$ wird die vollständige Großsignal-"Read-
Gleichung" (4.73) mit $G(t) \neq 0$ verwendet, wobei nun $G(t)$ die Ursache
für den Rausch-Strom $I_n(t)$ ist

$$\frac{dI_n}{dt} = I_n \frac{\alpha' \hat{U}_a}{\tau_a} \sin \omega_0 t + \frac{G(t)}{\tau_a} \,. \tag{4.84}$$

Im Gegensatz zum Kleinsignal-Lawinenrauschen (Abschnitt 4.4) wird
in [20] (ohne Beweis) für die AKF von $G(t)$ (vgl. (4.41)) nicht mehr
proportional I_0, sondern

$$\langle G(t)G(t') \rangle = qI(t)\delta(t-t') = \frac{qI_0 e^{-u\cos\omega_0 t}}{I_0(u)}\delta(t-t') \tag{4.85}$$

gesetzt, worin $I(t)$ der aussteuerungsabhängige Konvektionsstrom
(4.77) ist. Da nun diese AKF auch explizit von der Zeit (und zwar pe-
riodisch) abhängt, ist dieser Rauschvorgang nicht mehr stationär. Die

Darstellung (4.85) ist aber recht plausibel. Da nun der Konvektionsstrom für $\omega_0 t = n2\pi$ proportional e^{-u} ist und daher sehr kleine Werte annehmen kann (die in der Umgebung des Schrotrauschens liegen können), ist es verständlich, daß durch den verstärkenden Großsignal-Lawinenprozeß auch das Rauschen im zeitlich rasch ansteigenden Verlauf von $I(t)$ stark angehoben wird, und daher der explizite Verlauf von $I(t)$ in der AKF nowendig ist.

Der Ansatz von $I_n(t)$ ist

$$I_n(t) = C(t)e^{-u\cos\omega_0 t} \tag{4.86}$$

mit

$$\dot{C} = \frac{G(t)}{\tau_a}e^{u\cos\omega_0 t} = F(t)\,. \tag{4.87}$$

Die AKF von $\dot{C}$ bzw. F ist

$$\begin{aligned}
\langle\dot{C}(t)\dot{C}(t+\tau)\rangle &= \langle F(t)F(t+\tau)\rangle \\
&= \frac{1}{\tau_a^2}\langle G(t)G(t+\tau)e^{u[\cos\omega_0 t+\cos(\omega_0(t+\tau))]}\rangle \\
&= \frac{q}{\tau_a^2}\frac{I_0}{I_0(u)}e^{u\cos\omega_0(t+\tau)}\delta(\tau)\,.
\end{aligned} \tag{4.88}$$

Stationarität wird nun erreicht, indem man (4.88) über eine Periode mittelt, wobei man mit

$$e^{u\cos x} = I_0(u)\left[1 + 2\sum_{n=1}^{\infty} M_u\cos nx\right]$$

erhält

$$\overline{\langle F(t)F(t+\tau)\rangle} = \frac{1}{T}\int_0^T \frac{q}{\tau_a^2}\frac{I_0}{I_0(u)}\delta(\tau)I_0(u)\cdot$$

$$\cdot\left[1+2\sum_{n=1}^{\infty} M_n \cos n\omega_0 t'\right]dt'$$

$$= \frac{qI_0}{\tau_a^2}\delta(\tau). \tag{4.89}$$

Wegen $\quad \omega^2\langle\,|\,C(\omega)\,|^2\rangle = \langle\,|\,F(\omega)\,|^2\rangle = \dfrac{qI_0}{\tau_a^2}$

erhält man wieder als spektrale Dichte das gewöhnliche Schrotrauschen

$$\langle\,|\,C(\omega)\,|^2\rangle = qI_0/(\omega\tau_a)^2. \tag{4.90}$$

Für den Rauschstrom (4.86) wird nun gesetzt

$$I_n(t) = C(t)I_0(u)\sum_{m=-\infty}^{+\infty}(-1)^m M_m(u)e^{jm\omega_0 t}$$

und in die Frequenz-Ebene umgesetzt

$$I_n(\omega) = \sum_{m=-\infty}^{+\infty}C(\omega+m\omega_0)I_0(u)(-1)^m M_m(u).$$

Bei Vernachlässigung der Harmonischen folgt daraus für die spektrale Dichte des Konvektionsstromes $(m=0)$

$$\langle\,|\,I_n(\omega)\,|^2\rangle = \langle\,|\,C(\omega)\,|^2\rangle\cdot I_0^2(u) = \frac{qI_0I_0^2(u)}{(\omega\tau_a)^2}. \tag{4.91}$$

Dieser primäre Rauschstrom wird nun mit dem Quadrat von $I_0(u)$ im Großsignalbereich stark vergrößert (für $u = 0$ folgt aus (4.91) der Kleinsignal-Kurzschlußstrom (4.61)).

Man kann nun im Abschnitt 4.4 den Kurzschlußstrom durch (4.91) und ω_{a1} durch ω_a ersetzen und erhält damit die Großsignal-Leerlauf-Rauschspannung $\langle |\, U_t(\omega)\, |^2 \rangle$ und das Großsignal-Rauschmaß.

Das Großsignal-Verhalten von Lawinenlaufzeit-Dioden wird wesentlich von der Größe der normierten Amplitude (vgl. (4.75))

$$u = \frac{\alpha' \widehat{U}_a}{\omega \tau_a} = \frac{2\alpha' \widehat{E}_a v}{\omega} = \frac{\alpha' \widehat{E}_a v}{\pi f} \tag{4.92}$$

bestimmt. Zur Abschätzung von u im mm-Wellen-Bereich ($f = 10^{11}\, Hz$) wird $\widehat{E}_{a\,max} = 0,5\, E_b$ gesetzt. Mit $\alpha' = 0,25\, 1/V$ bei $E_b = 5 \cdot 10^5\, V/cm$ und $v = 4.5.10^6\, cm/s\, (T = 500\, K)$ wird daraus $u_{max} = 0,9$. Bei hohen Frequenzen ist also das Großsignal-Verhalten weniger stark ausgeprägt als im X-Band mit u_{max} von 8 bis 10. Da überdies das Spektrum des Rauschstromes (4.91) proportional ω^{-2} ist, nimmt das Rauschverhalten mit zunehmender Frequenz merklich ab ($M = 40 - 60\, dB$ bei $12\, GHz$ im Vergleich zu $M = 20 - 30\, dB$ bei $60 - 90\, GHz$) [25].

4.6 Leerlauf-Rauschspannung einer GaAs pin-Diode

Leerlauf-Rauschspannung (4.68) und Kurzschluß-Rauschstrom (4.61) sind proportional $\frac{1}{(\omega \tau_a)^2} \sim 1/w_a^2$. Je länger also die Lawinenzone ist, umso geringer wird das Lawinen-Rauschen. Aber die in den Abschnitten 4.5 und 4.6 erzielten Ergebnisse gelten nur unter der Voraussetzung der quasistationären Approximation $\omega \tau_a \ll 1$.

Bei gegebener Kreisfrequenz kann also w_a nur beschränkt vergrößert werden. Diese Einschränkung wird nun fallen gelassen, indem für eine GaAs-pin- Diode (vgl. Bild 4.11) die Kontinuitätsgleichungen (4.24) streng gelöst werden. Diese pin-Diode besteht aus einer p^+- und n^+-Kontaktschicht. Dazwischen befindet sich die i-Zone der Weite w, in der die Durchbruchfeldstärke E_b herrscht. Bei GaAs ist $\alpha = \beta$ zu setzen. In der i-Zone ist nun Stoßionisation und Ladungsträgerdrift überlagert. In der in Bild 4.11 angegebenen Polarität driften die Elektronen nach rechts und die Löcher nach links.

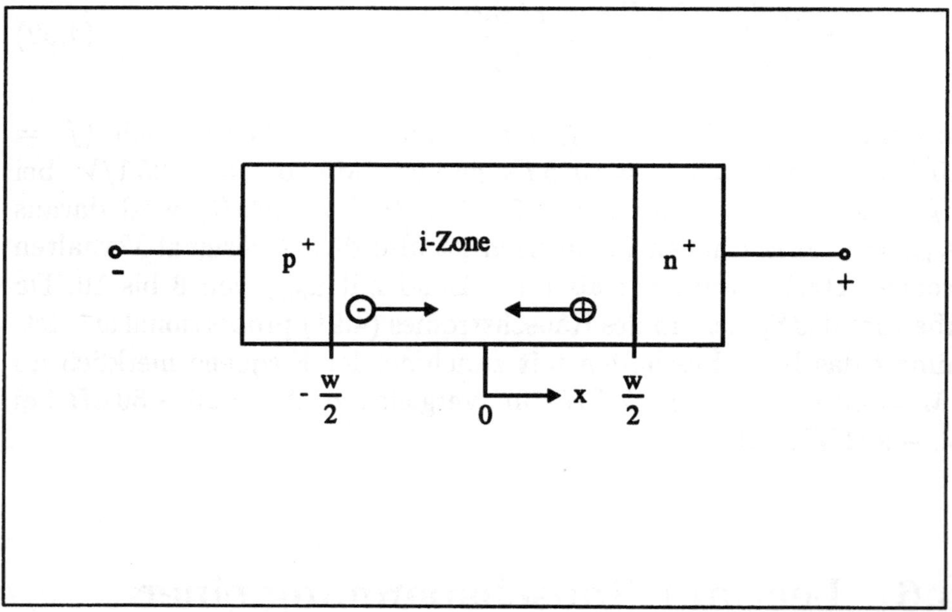

Bild 4.11: Schematische Darstellung einer pin-Diode

Gummel und Blue [26] haben die vorliegende Aufgabe noch verallgemeinert, indem zwischen i-Zone und n^+-Kontaktzone noch eine Driftzone für Elektronen und zwischen p^+-Kontaktzone und i-Zone eine Driftzone für Löcher eingefügt wurde.

Die Langevin-Kontinuitätsgleichungen (4.24) lauten nun

$$\frac{1}{v}\frac{\partial I_n}{\partial t} = -\frac{\partial I_n}{\partial x} + \alpha I + g(x,t)$$
$$\frac{1}{v}\frac{\partial I_p}{\partial t} = \frac{\partial I_p}{\partial x} + \alpha I + g(x,t)$$

$$(4.93)$$

mit

$$\langle g(x,t)g(x',t')\rangle = q\alpha I_0\delta(t-t')\delta(x-x')\,. \tag{4.94}$$

Dieses System wird nun im Kleinsignal-Bereich gelöst. Dazu werden die Kleinsignal-Näherungen (4.42) noch ergänzt durch

$$\begin{aligned}
I_n &= I_{n0} + I_{n1}(x)e^{j\omega t}\\
I_p &= I_{p0} + I_{p1}(x)e^{j\omega t}\\
E &= E_b + E_1(x)e^{j\omega t}\\
\alpha &= \alpha_0 + \alpha' E_1(x)e^{j\omega t}\,.
\end{aligned}$$

$$(4.95)$$

Zunächst wird für (4.93) mit $g(x,t) = 0$ die stationäre Lösung $\frac{\partial}{\partial t} = 0$ gesucht

$$\begin{aligned}
\frac{dI_{n0}}{dx} &= \alpha_0 I_0 & I_{n0} &= a + \alpha_0 x I_0\\
\frac{dI_{p0}}{dx} &= -\alpha_0 I_0 & I_{p0} &= b - \alpha_0 x I_0\,.
\end{aligned}$$

Addition ergibt

$$I_{n0} + I_{p0} = I_0 = a + b\,. \tag{4.96}$$

Mit den Randbedingungen:

$$I_{n0}\left(-\frac{w}{2}\right) = a - \frac{\alpha_0 w}{2} I_0 = 0$$

$$I_{p0}\left(+\frac{w}{2}\right) = b - \frac{\alpha_0 w}{2} I_0 = 0$$

ergibt Addition nun

$$\alpha_0 w I_0 = a + b. \tag{4.97}$$

Durch Vergleich mit (4.96) folgt daraus die Durchbruchbedingung

$$\alpha_0 w = 1. \tag{4.98}$$

Nach Abtrennung der Gleichanteile in (4.93) lauten nun die Kleinsignal-Langevin-Kontinuitätsgleichungen

$$j\frac{\omega}{v} I_{n1} = -\frac{dI_{n1}}{dx} + \alpha_0 I_1 + \alpha' E_1 I_0 + g(x,\omega)$$

$$j\frac{\omega}{v} I_{p1} = \frac{dI_{p1}}{dx} + \alpha_0 I_1 + \alpha' E_1 I_0 + g(x,\omega) \tag{4.99}$$

mit den Randbedingungen

$$I_{n1}\left(-\frac{w}{2}\right) = 0$$

$$I_{p1}\left(\frac{w}{2}\right) = 0. \tag{4.100}$$

Diese Gleichungen müssen noch ergänzt werden durch die Kleinsignal-Poissongleichung

$$\frac{dE_1}{dx} = \frac{1}{Av\varepsilon}\left(I_{n1} - I_{p1}\right) \tag{4.101}$$

und die Stromerhaltungsgleichung

$$I_{ges1} = I_1 + j\omega\varepsilon AE_1\,. \qquad (4.102)$$

Aus (4.101) folgt mit (4.99)

$$\frac{d^2E_1}{dx^2} = \frac{1}{Av\varepsilon}\left(\frac{dI_{n1}}{dx} - \frac{dI_{p1}}{dx}\right)$$

$$= \frac{1}{Av\varepsilon}\left[\alpha_0 I_1 + \alpha' I_0 E_1 - j\frac{\omega}{v}I_{n1} + g(x,\omega) + \right.$$

$$\left. + \alpha_0 I_1 + \alpha' I_0 E_1 - j\frac{\omega}{v}I_{p1} + g(x,\omega)\right]$$

$$\frac{d^2E_1}{dx^2} = \frac{1}{Av\varepsilon}\left[2\alpha_0 I_1 - j\frac{\omega}{v}I_1 + 2\alpha' I_0 E_1 + 2g(x,\omega)\right]\,.$$

Der Konvektionsstrom wird nun mit

$$I_1 = I_{ges1} - j\omega\varepsilon AE_1$$

eliminiert. Dies führt zunächst zu der Gleichung

$$\frac{d^2E_1}{dx^2} = \frac{1}{Av\varepsilon}\left[\left(2\alpha_0 - j\frac{\omega}{v}\right)\left(I_{ges1} - j\omega\varepsilon AE_1\right) + 2\alpha' I_0 E_1 + 2g(x,\omega)\right]$$

und schließlich zu der gesuchten stochastischen und inhomogenen Differentialgleichung zweiter Ordnung

$$\frac{d^2E_1}{dx^2} - \left[\frac{2\alpha' I_0}{Av\varepsilon} - \frac{\omega^2}{v^2} - 2j\frac{\alpha_0\omega}{v}\right]E_1 =$$

$$= \left(\frac{2\alpha_0 - j\omega/v}{Av\varepsilon}\right)I_{ges1} + \frac{2g(x,\omega)}{Av\varepsilon}\,. \qquad (4.103)$$

Nach Einführung der Lawinen-Kreisfrequenz (4.47)

$$\omega_{a1}^2 = \frac{2\alpha' I_0 v}{\varepsilon A}$$

und der Dispersionsbeziehung

$$k^2 = \frac{1}{v^2}\left[\omega_{a1}^2 - \omega^2 - 2j\alpha_0\omega v\right] \tag{4.104}$$

lautet nun die DGl. für E_1

$$\left(\frac{d^2}{dx^2} - k^2\right)E_1 = \frac{(2\alpha_0 - j\omega/v)}{Av\varepsilon}I_{ges_1} + f(x,\omega) \tag{4.105}$$

mit

$$\langle f(x,\omega)f(x',\omega)\rangle = \frac{4q\alpha_0 I_0}{(Av\varepsilon)^2}\delta(x - x') = 2D\delta(x - x'). \tag{4.106}$$

Mit $f(x,\omega) = 0$ kann aus (4.105) $E_1(x,\omega) = I_{ges_1} \cdot F(x,\omega)$ berechnet und damit die Kleinsignal-Impedanz $Z_1(\omega)$ der pin-Diode bestimmt werden:

$$Z_1(\omega) = U_1(\omega)/I_{ges_1} = \int\limits_{-w/2}^{w/2} E_1(x,\omega)dx/I_{ges_1} = \int\limits_{-w/2}^{w/2} F(x,\omega)dx.$$

Zur Berechnung der spektralen Dichte der Leerlaufspannung wird nun $I_{ges_1} = 0$ und $f(x,\omega) \neq 0$ gesetzt. In diesem Zustand wird die pin-Diode allein durch den internen, lokal verteilten Schrot-Rauschstrom in Verbindung mit dem Lawinenprozeß angeregt. Zu lösen ist also

$$\left(\frac{d^2}{dx^2} - k^2\right)E_1 = f(x,\omega) \tag{4.107}$$

$E_1(x,\omega)$ ist nun eine stochastische Variable und (4.107) ist eine stochastische, lineare, inhomogene Differentialgleichung zweiter Ordnung, die mit den Lösungsmethoden der Langevin-Gleichung 1. Ordnung (z.B. Variation der Konstanten) nicht behandelt werden kann. In [26] wird hierzu die Greensche Funktion $G(x,x_0)$ verwendet (wie weiter unten gezeigt wird, ist aber die explizite Form von $G(x, x_0)$ nicht erforderlich, wodurch die Darstellung wesentlich vereinfacht wird). Die Greensche Funktion befriedigt die Differentialgleichung $\left(\frac{d^2}{dx^2} - k^2\right) G = \delta(x - x_0)$. Sie ist aus den Fundamental-Lösungen $(\cos h(kx), \sin h(kx))$ der homogenen Gleichung (4.107) so zu konstruieren [27, S.833], daß sie auch die Randbedingungen enthält. Dabei ist x_0 ein Quellenpunkt (Ursache) und x der Aufpunkt (Wirkung). Nach dem Reziprozitätstheorem [27, S.883] gilt meist $G(x, x_0) = G(x_0, x)$. Faßt man den stochastischen Term $f(\omega, x)$ von (4.107) als Quelle auf $(x \to x_0)$, so ist die Lösung der inhomogenen Differentialgleichung (4.107) das Integral

$$E_1(\omega, x) = \int\limits_{-w/2}^{w/2} G(x, x_0) f(\omega, x_0) dx_0 \qquad (4.108)$$

und die an der pin-Diode abfallende Wechselspannung ist

$$U_1(\omega) = \int\limits_{-w/2}^{w/2} dx \int\limits_{-w/2}^{w/2} G(x, x_0) f(\omega, x_0) dx_0 \,. \qquad (4.109)$$

Durch Einführung des Integrals der Greenschen Funktion

$$\Phi(x_0) = \int\limits_{-w/2}^{w/2} G(x, x_0) dx \qquad (4.110)$$

lautet (4.109)

$$U_1(\omega) = \int\limits_{-w/2}^{w/2} \Phi(x_0) f(\omega; x_0) dx_0 \,. \qquad (4.111)$$

Für die spektrale Dichte der Leerlauf-Rauschspannung folgt damit

$$S_{u1}(\omega) = \langle | U_1(\omega) |^2 \rangle =$$
$$= \langle | \int\limits_{-w/2}^{w/2} dx_0 \int\limits_{-w/2}^{w/2} \Phi(x_0) f(\omega, x_0) \Phi(y_0) f(\omega, y_0) dy_0 | \rangle \,. \qquad (4.112)$$

Mit $\langle f(\omega, x_0) f(\omega, y_0) \rangle = 2D\delta(x_0 - y_0)$ (vgl. (4.106)) ergibt sich schließlich

$$S_{u1}(\omega) = \langle |\, U_1(\omega)\,|^2 \rangle = 2D \int\limits_{-w/2}^{w/2} |\, \Phi(x_0)\,|^2 \, dx_0 \,. \qquad (4.113)$$

Nun gilt hier tatsächlich das Reziprozitätstheorem, da sowohl der Differentialoperator von Gl. (4.103) als auch die zugehörigen Randbedingungen (4.100) selbst-adjungiert sind [27, S.874], so daß x und x_0 vertauscht werden können und $\Phi(x)$ lautet dann

$$\Phi(x) = \int\limits_{-w/2}^{w/2} G(x, x_0) dx_0 = \int\limits_{-w/2}^{w/2} G(x, x_0) \cdot \underline{1} dx_0 \qquad (4.114)$$

Nach (4.108) ist deshalb $\Phi(x)$ die Lösung der inhomogenen Differentialgleichung (4.107) für das elektrische Feld mit einer Quelle der Stärke $\underline{1}(f(x, \omega) \to \underline{1})$

$$\left(\frac{d^2}{dx^2} - k^2 \right) \Phi(x) = 1 \,. \qquad (4.115)$$

Bei bekanntem $\Phi(x)$ lautet die Darstellung der spektralen Dichte für die Leerlauf-Rauschspannung dann

$$\langle |\, U_1(\omega)\,|^2 \rangle = 2D \int\limits_{-w/2}^{w/2} |\, \Phi(x)\,|^2 \, dx \,. \qquad (4.116)$$

Bei der Ableitung von (4.116) kann D durchaus auch vom Ort abhängen (z. B. bei Dotierungsprofilen, etc.) und muß dann unter das Integral gesetzt werden.

Gl. (4.115) wird mit dem Ansatz befriedigt

$$\Phi(x) = C_1 e^{kx} + C_2 e^{-kx} - 1/k^2 \,. \qquad (4.117)$$

Aus Symmetriegründen ist $C_1 = C_2 = C$, also

$$\Phi(x) = 2C \cos hkx - 1/k^2 \,. \tag{4.118}$$

Die Integrationskonstante C erhält man z. B. aus der Randbedingung bei $x = \frac{w}{2}$ mit

$$I_{p1}(w/2) = 0 \Longrightarrow I_{n1} + jA\omega\varepsilon\Phi = 0 \quad \text{mit} \quad \frac{d\Phi}{dx} = \frac{I_{n1}}{Av\varepsilon}$$

(vgl. (4.101) und (4.102)) also

$$\left[\frac{d\Phi}{dx} + j\frac{\omega}{v}\Phi\right]_{w/2} = 0 \,. \tag{4.119}$$

Mit (4.119) wird nun C bestimmt

$$2Ck \sin h\frac{kw}{2} + j\frac{\omega}{v}\left[2C \cos h\frac{kw}{2} - \frac{1}{k^2}\right] = 0$$

$$C = \frac{j\omega/v}{2k^2\left[j\frac{\omega}{v}\cos h\frac{kw}{2} + k \sin h\frac{kw}{2}\right]} \tag{4.120}$$

und $\Phi(x)$ lautet damit

$$\Phi(x) = -\frac{1}{k^2}\left\{1 - \frac{j\omega \cos hkx}{j\omega \cos h\frac{kw}{2} + kv \sin h\frac{kw}{2}}\right\} \,. \tag{4.121}$$

Für die spektrale Dichte der Leerlauf-Rauschspannung kann nun für (4.116) mit (4.106) und (4.121) geschrieben werden [26]:

$$\langle\,|\,U_1(\omega)\,|^2\rangle = \frac{4qI_0}{(A\varepsilon v\,|\,k\,|^2)^2} \cdot F(\omega) \tag{4.122}$$

mit der Abkürzung

$$F(\omega) = \mid k \mid^4 \alpha_0 \int_{-w/2}^{w/2} \mid \Phi(x) \mid^2 dx \, . \tag{4.123}$$

Der Verlauf von $\langle \mid U_1(\omega) \mid^2 \rangle$ nach (4.122) als Funktion von ω ist in etwa der gleiche wie in Bild 4.8 für $\langle \mid U_{1a}(\omega) \mid^2 \rangle$.

Durch Einführung der Laufzeit $\tau = w/2v$ (vgl. (4.37)) und der Kapazität $C = A\varepsilon/w$ der i-Zone kann (4.122) mit (4.104) umgeformt werden

$$\langle \mid U_1(\omega) \mid^2 \rangle = \frac{qI_0}{(\omega\tau)^2} \cdot \frac{F(\omega)}{(\omega C)^2 \left[\left(1 - \frac{\omega_{a1}^2}{\omega^2}\right)^2 + \left(\frac{2\alpha_0 v}{\omega}\right)^2\right]} \, . \tag{4.124}$$

Der Term $qI_0/(\omega\tau)^2$ entspricht wieder der spektralen Dichte des primären Rauschstromes (vgl. (4.61)). Nun kann ohne Einschränkung festgestellt werden, daß diese umgekehrt quadratisch mit zunehmender Frequenz und Weite der i-Zone abnimmt und somit das Schrotrauschen unterschreiten kann.

Hier interessiert besonders der Grenzübergang $\lim\limits_{w \to 0} \langle \mid U_1(\omega) \mid^2 \rangle$ und der Vergleich mit den in Abschnitt 4.4 unter der quasistationären Annahme gewonnenen Ergebnissen. Dazu wird in (4.122) zunächst der Laufwinkel

$$\Theta = \frac{\omega w}{2v} \tag{4.125}$$

eingeführt und die Dispersionsbeziehung (4.104) umgeschrieben

$$k^2 = \frac{\omega^2}{v^2}\left[\left(\frac{\omega_{a1}^2}{\omega^2} - 1\right) - j/\Theta\right] \tag{4.126}$$

und bei konstanter Frequenz ω der Limes gebildet

$$\lim_{\Theta \to 0}\langle \mid U_1(\omega) \mid^2 \rangle = \lim_{\Theta \to 0} \frac{4qI_0F(\Theta)\Theta^2}{\left(\frac{A\varepsilon\omega^2}{v}\right)^2 \left[1 + \Theta^2\left(\frac{\omega_{a1}^2}{\omega^2} - 1\right)\right]^2}$$

$$= \frac{4qI_0}{\left(\frac{A\varepsilon\omega^2}{v}\right)^2 \left[\frac{\omega_{a_1}^2}{\omega^2} - \frac{2}{3}\right]^2}$$

also

$$\lim_{\Theta\to 0}\langle\mid U_1(\omega)\mid^2\rangle = \frac{qI_0}{\left(\frac{A\varepsilon\omega^2}{3v}\right)^2 \left(\frac{3\omega_{a_1}^2}{2\omega^2} - 1\right)^2} \, . \qquad (4.127)$$

Im Vergleich dazu lautet die mit der Read'schen Näherung abgeleitete spektrale Dichte der Leerlaufspannung (4.62)

$$\langle\mid U_{a_1}(\omega)\mid^2\rangle = \frac{qI_0}{(\omega\tau_a)^2\,\omega^2 C_a^2 \left(\frac{\omega_{a_1}^2}{\omega^2} - 1\right)^2} \, .$$

Als Folge der Vernachlässigung der Ortsabhängigkeit des Konvektionsstromes in der quasistationären Näherung lautet jetzt richtig die Lawinen-Resonanz-Kreisfrequenz (vgl. (4.47)) [26]

$$\omega_{a_r}^2 = \frac{3}{2}\omega_{a_1}^2 = \frac{3I_0\alpha' v}{A\varepsilon} \, . \qquad (4.128)$$

Der Faktor $(A\varepsilon\omega^2/3v)^2$ im Nenner von (4.127) kann nun in die ähnliche Form wie für $\langle\mid U_{a_1}\mid^2\rangle$ übergeführt werden, wenn man die Laufzeit $\tau_a = w/2v$ und die geometrische Kapazität $C_a = A\varepsilon/w$ einführt:

$$\langle\mid U_1(\omega)\mid^2\rangle = \frac{qI_0}{\left(\frac{2}{3}\omega\tau_a\right)^2 (\omega C_a)^2 \left[\frac{\omega_{a_r}^2}{\omega^2} - 1\right]^2} \, .$$

Claassen [28] hat nun gezeigt, daß bei $a = \beta$ (GaAs) die mittlere Zeit τ_c zwischen zwei ionisierenden Stößen gerade

$$\tau_c = \frac{2}{3}\tau_a \qquad (4.129)$$

und somit (4.127) in die Form gebracht werden kann

$$\langle\mid U_1(\omega)\mid^2\rangle = \frac{qI_0}{(\omega\tau_c)^2\,(\omega C_a)^2\left[\frac{\omega_a^2}{\omega^2}-1\right]^2}\,. \qquad (4.130)$$

Konsequenterweise ist deshalb in der Read'schen Näherung $\tau_a \to \tau_c$ zu ersetzen [9, 24].

5 Gunn-Element und das thermische Rauschen heißer Elektronen

5.1 Elektronentransfer-Mechanismus

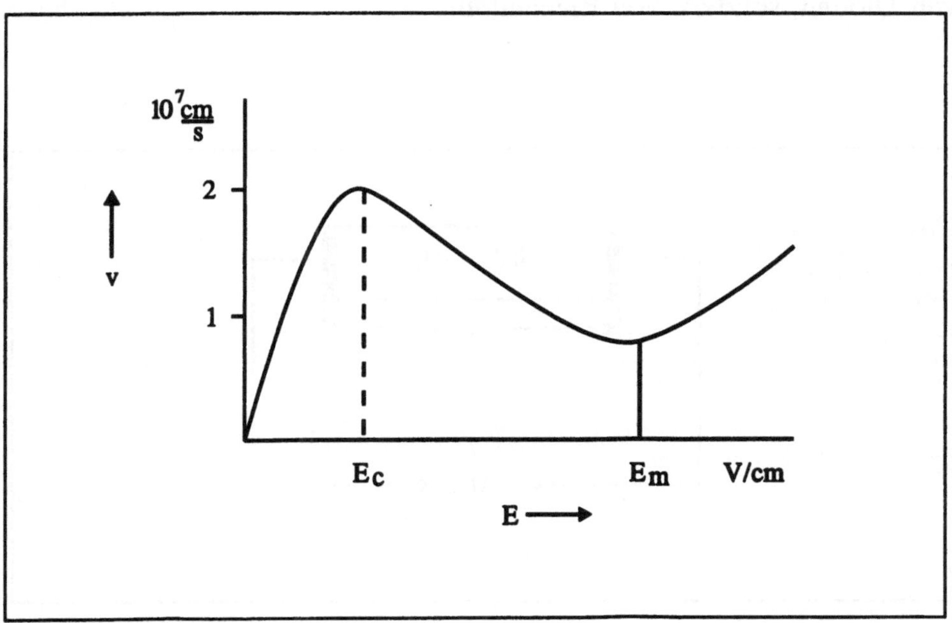

Bild 5.1: Typische $v(E)$-Kennlinie mit fallendem Ast zwischen kritischer Feldstärke E_c und maximaler Feldstärke E_m

Eine Reihe von III-V-Verbindungen, wie z.B. GaAs und InP (sowie deren Mischverbindungen z.B. InAlAs) haben eine $v(E)$-Kennlinie, die

zwischen einer kritischen Feldstärke E_c ($3 - 10\,kV/cm$, je nach Material) und einer maximalen Feldstärke E_m ($20 - 40\,kV/cm$), einen fallenden Ast aufweist (Bild 5.1).
Dem Bereich mit abnehmender Geschwindigkeit wird eine negative differentielle Beweglichkeit $\partial v/\partial E = \mu_d < 0$ zugeordnet, die bei GaAs einen maximalen Wert bis zu etwa $-2000\,cm^2/Vs$ annehmen kann.

Da im fallenden Ast die Stromdichte mit zunehmender Feldstärke abnimmt, tritt in diesem Bereich ein negativer Widerstand auf, der zur Entdämpfung eines Resonators ausgenützt werden kann. Mit solchen Gunn-Elementen (vgl. Bild 5.2; benannt nach dem Entdecker dieses Effektes) können dann Gunn-Oszillatoren für mm-Wellen hergestellt werden. Da diese Strukturen keinen *pn*-Übergang haben, also eine symmetrische Strom-Spannungskennlinie aufweisen, spricht man nicht von Dioden, sondern von Elementen.

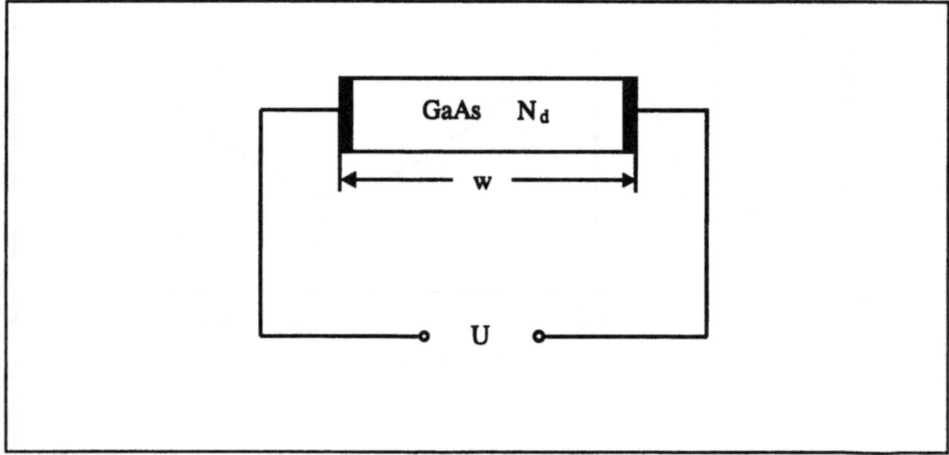

Bild 5.2: Schematische Darstellung eines Gunn-Elementes

Die Ursache für diese $v(E)$-Kennlinie liegt in der spezifischen Bandstruktur dieser III-V-Verbindungen (Bild 5.3).

Die Elektronen-Energie W als Funktion der Elektronenwellenzahl k hat ein Haupttal mit geringer effektiver Elektronenmasse $m_1^* = 0,07m_0$ und am Rand der Brillouin-Zone ($k = 2\pi/a$; $a \,\hat{=}\,$ Gitterkonstante) im Abstand $\Delta W = 0,31\,eV$ ein Satellitental mit schweren Elektronen ($m_2^* = 1,2m_0$).
Bei Raumtemperatur befinden sich alle Elektronen im Zentralminimum $n = n_1$ und besitzen eine hohe Beweglichkeit μ_1 ($\mu \sim 1/m^*$). Das Satellitental ist praktisch leer, $n_2 = 0$. Erzeugt man eine hohe Feldstärke ($E \geq E_c$) in der Probe, so können Elektronen zusätzliche Energie aus dem Feld gewinnen. Elektronen, die eine mit ΔW vergleichbare Energie haben, werden dann in das Satellitental gestreut und n_2 nimmt zu. Dort besitzen sie eine geringe Beweglichkeit μ_2. In diesem Zustand nimmt die mittlere Driftgeschwindigkeit

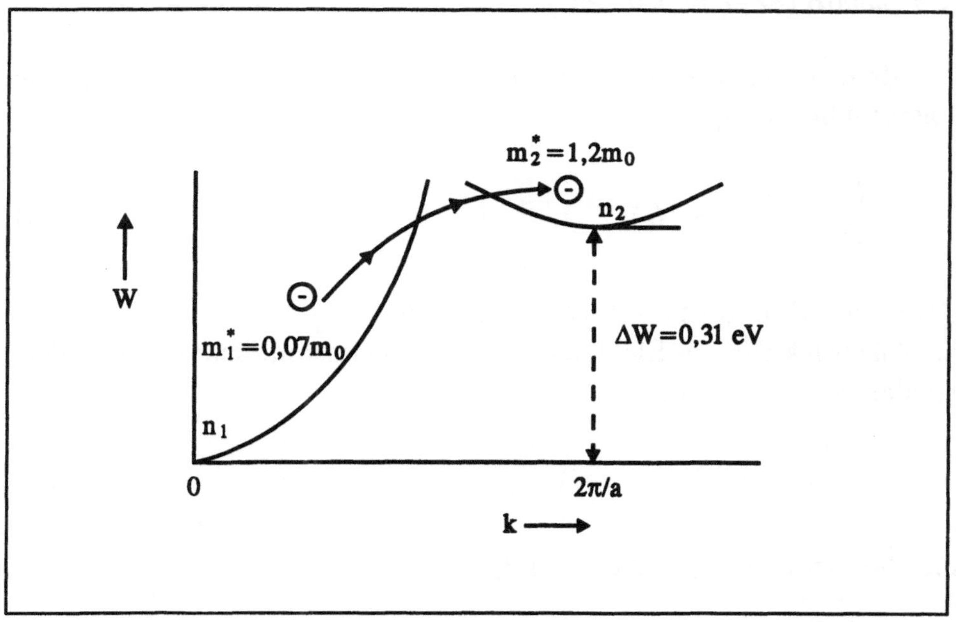

Bild 5.3: Bandstruktur von GaAs

$$v = \frac{n_1\mu_1 + n_2\mu_2}{n_1 + n_2} E = \left[\mu_1 - \frac{n_2}{n}\left(\mu_1 - \mu_2\right)\right] E \qquad (5.1)$$
$$(n = n_1 + n_2 = \text{const.}; \quad \mu_1 > \mu_2)$$

mit zunehmendem E ab (fallende $v(E)$-Kennlinie).
Die Energiegewinnung aus dem Feld bewirkt aber auch eine Erhöhung der effektiven Elektronentemperatur T_n über die Gitter-Temperatur T_0. Man spricht dann von „heißen Elektronen".

Ist λ die freie Weglänge im Gitter (z.B. $\lambda = 10^{-4} - 10^{-6} cm$), so folgt für die Temperatur-Zunahme

$$\frac{3}{2} k_B (T_n - T_0) = qE\lambda. \tag{5.2}$$

Entspricht $qE\lambda$ gerade $\Delta W = 0,31 eV$, so folgt aus (5.2) ein Wert für $T_n = 2600 K (k_B T_0 = 0,025 eV)$.

Die dem Gunn-Effekt zugrunde liegenden Gleichungen sind die Poisson-Gleichung

$$\frac{\partial E}{\partial x} = \frac{q}{\varepsilon}(n - N_d), \tag{5.3}$$

(N_d ist die Donatorkonzentration; vgl. Bild 5.2)
der Ausdruck für die Elektronen-Konvektionsstromdichte (unter Vernachlässigung der Diffusion)

$$J_n = qnv(E) \tag{5.4}$$

und die Stromerhaltungsgleichung

$$J_{ges} = J_n + \varepsilon \frac{\partial E}{\partial t}, \tag{5.5}$$

wobei J_{ges} die Gesamtstromdichte ist. Wie bei der Behandlung von Gunn-Elementen allgemein üblich, so wird auch in diesem Kapitel $q < 0$ gesetzt.

Wird mit (5.3) und (5.4) die Elektronendichte n eliminiert, so erhält man schließlich die gesuchte Gleichung

$$\varepsilon \frac{\partial E}{\partial t} + q \left(N_d + \frac{\varepsilon}{q} \frac{\partial E}{\partial x} \right) v(E) = J_{ges}\,, \tag{5.6}$$

die im Folgenden diskutiert wird.

Zunächst erfolgt Trennung von Gleich- und Wechselanteil, indem gesetzt wird

$$\begin{aligned} E &= E_0 + E_1 \\ v &= v_0(E_0) + \left(\frac{\partial v}{\partial E} \right)_{E_0} \cdot E_1 \\ J_{ges} &= J_{ges_0} + J_{ges_1}\,. \end{aligned} \tag{5.7}$$

Damit folgt mit (5.3)

$$\frac{\varepsilon}{q} \frac{dE_0}{dx} + N_d = n_0(x)$$

und aus (5.6) für den Gleichanteil der Stromdichte

$$J_{ges_0} = q n_0(x) \cdot v_0(x) = \text{const.} \tag{5.8}$$

Der Wechselanteil von (5.6) lautet

$$\frac{\partial E_1}{\partial t} + q \frac{n_0}{\varepsilon} \frac{\partial v}{\partial E} E_1 + v_0 \frac{\partial E_1}{\partial x} = \frac{J_{ges_1}}{\varepsilon} + F(x,t)\,. \tag{5.9}$$

In (5.9) wurde noch eine Langevin-Kraft $F(x,t)$ hinzugefügt. $F(x,t)$ kann sowohl von t als auch von x abhängen, wenn z.B. n_0, v_0 und E_1 auch von x abhängen. $F(x,t)$ ist dann eine örtlich verteilte, stochastische Quelle.

Mit $F = 0$ kann aus (5.9) die Kleinsignal-Impedanz des Gunn-Elements bestimmt werden [9]: $E_1(\omega, x) = G(\omega, x) J_{ges_1}$. Daraus folgt dann

$$Z_1(\omega) = U_1(\omega)/A J_{ges_1} = \frac{1}{A} \int\limits_0^w G(\omega, x) dx \,. \tag{5.10}$$

5.2   Rauscheinströmung

Ziel ist die Berechnung der spektralen Dichte der Leerlaufspannung. Dazu wird

$$J_{ges_1} = 0 \tag{5.11}$$

gesetzt. Im Folgenden werden zwei Fälle unterschieden:

a) $E_0 < E_c$. Dann ist $\partial v/\partial E > 0$ bzw. $\frac{\partial v}{\partial E} = \mu_0$, worin μ_0 die Ohmsche Beweglichkeit ist. In (5.9) wird aus $q n_0 \frac{\partial v}{\partial E}/\varepsilon = \sigma/\varepsilon = 1/\tau$. Darin ist σ die Leitfähigkeit des Materials und τ ist die dielektrische Relaxationszeit , mit der jede Störung der Majoritätsträger rasch ($\tau \simeq 10^{-12} s$) ausgeglichen wird. In diesem Zustand ($E_0 < E_c$) kann ein homogenes Feld vorausgesetzt werden, so daß in (5.9) $\frac{\partial E_1}{\partial x} = 0$ ist. Somit verbleibt die Gleichung

$$\frac{dE_1}{dt} = -\frac{E_1}{\tau} + F(t) \,. \tag{5.12}$$

Gl. (5.12) ist ein typischer O.U.-Prozeß, mit dem durch zusätzliche Annahmen die noch unbekannte AKF von $F(t)$ bestimmt werden kann. Setzt man wie üblich

$$\langle F(t)F(t')\rangle = 2D\delta(t - t') \tag{5.13}$$

so folgt nach (1.24) für die Varianz der Feldstärke

$$\langle E_1^2 \rangle = \tau D \,. \tag{5.14}$$

Nun ist $\frac{\varepsilon V}{2}\langle E_1^2 \rangle$ die im Volumen V gespeicherte Energie, welche mit $k_B T/2$ identisch ist

$$\frac{\varepsilon}{2}V\langle E_1^2 \rangle = k_B T/2 \quad \text{oder}$$
$$\langle E_1^2 \rangle = k_B T/V\varepsilon \,. \tag{5.15}$$

Somit erhält man für den Diffusionskoeffizienten D

$$D = \frac{k_B T}{\varepsilon \tau V} = \frac{\sigma k_B T}{\varepsilon^2 V} = \frac{q n_0 \mu_0 k_B T}{A w \varepsilon^2} \,. \tag{5.16}$$

Für Kreisfrequenzen $\omega < \frac{1}{\tau} = 10^{12} 1/s$ kann $\dot{E}$ in (5.12) vernachlässigt werden und man erhält für das Feldspektrum

$$\langle |\, E_1(\omega)\, |^2 \rangle = 2D\tau^2 = \frac{2k_B T}{V\sigma} \tag{5.17}$$

und entsprechend für die spektrale Dichte der Leerlauf-Rausch-spannung

$$\langle |\, U_1(\omega)\, |^2 \rangle = w^2 \cdot \langle |\, E_1(\omega)\, |^2 \rangle = 2k_B T \frac{w}{A\sigma} = 2k_B T R \,. \tag{5.18}$$

Da R der Widerstand des Gunn-Elements ist, handelt es sich um gewöhnliches thermisches Rauschen (vgl.(2.28)).
Der Diffusionskoeffizient D in (5.16) kann mit der Einstein-Beziehung

$$q D_n = k_B T \mu_0 \tag{5.19}$$

umgeschrieben werden

$$D = q^2 n_0 D_n/V\varepsilon^2 \,. \tag{5.20}$$

In (5.19) und (5.20) ist D_n die Elektronen-Diffusionskonstante. Gl.(5.19) gilt streng nur im thermischen Gleichgewicht. (Wegen $D \sim D_n$ wird das thermische Rauschen gelegentlich auch als Diffusions-Rauschen bezeichnet, insbesondere dann, wenn n_0 vom Ort abhängt [29, S.66].)

b) $E_0 > E_c$. Nun ist $\frac{\partial v}{\partial E} = \mu_d < 0$.

Die Langevin-Gleichung (5.9) lautet dann

$$\frac{\partial E_1}{\partial t} = \frac{qn_0}{\varepsilon} \left| \frac{\partial v}{\partial E} \right| \cdot E_1 - v_0 \frac{\partial E_1}{\partial x} + F(x,t) \,. \tag{5.21}$$

Wegen der positiven Zeitkonstante

$$\frac{1}{|\tau|} = \frac{qn_0}{\varepsilon} \, | \mu_d | \tag{5.22}$$

kann nun E_1 sowohl zeitlich wie auch örtlich exponentiell anwachsen. Der O.U.-Prozeß, der das Gleichgewicht $E_1 \to 0$ anstrebt, kann nun zur Bestimmung der AKF von $F(x,t)$ nicht mehr angewendet werden. Dem zeitlichen und örtlichen Anwachsen von E_1 durch den ersten Term in (5.21) wird aber eine Abnahme durch den Divergenz-Term $\left(-v_0 \frac{\partial E_1}{\partial x}\right)$ entgegengesetzt. Dadurch und nach Maßgabe der Randbedingungen wird ein von Null verschiedener Gleichgewichtszustand erreicht.
Ähnlich wie beim Laser (Kap. 3) und Schrotrauschen (Kap. 4) helfen auch hier die gegenläufigen Prozesse aus der „Master"-Gleichung (1.49) weiter. Zunächst wird für die AKF von $F(x,t)$ geschrieben

$$\langle F(x,t)F(x',t')\rangle = 2D \cdot \delta(t-t')\delta(x-x') \cdot w \tag{5.23}$$

Auch hier erscheint wieder die Deltafunktion $\delta(x-x')$, da die (verteilten) Quellen an verschiedenen Orten unkorreliert sein müssen (die

Länge w des Gunn-Elements ist aus Dimensionsgründen notwendig). Zur Bestimmung von D ist es zweckmäßig (vgl. Abschnitt 4.3) E_1 zu normieren. Dazu eignet sich die mittlere Feldstärke $\sqrt{\langle E_1^2 \rangle}$, welche der mittleren Energie $\frac{1}{2}k_B T_n$ der heißen Elektronen entspricht. Mit $e = E_1/\sqrt{\langle E_1^2 \rangle}$ und $f(x,t) = F(x,t)/\sqrt{\langle E_1^2 \rangle}$ lautet (5.21)

$$\frac{\partial e}{\partial t} = \frac{1}{|\tau|}e - v_0\frac{\partial e}{\partial x} + f(x,t) \tag{5.24}$$

mit

$$\langle f(x,t)f(x',t') \rangle = \frac{\langle F(x,t)F(x',t') \rangle}{\langle E_1^2 \rangle}$$

$$= \frac{2Dw\delta(t-t')\delta(x-x')}{\langle E_1^2 \rangle} = 2D_f w\delta(t-t')\delta(x-x') . \tag{5.25}$$

Gl. (5.24) kann man einen Drift-Term zuordnen

$$K = e\left[1/|\tau| - \frac{v_0}{e}\frac{\partial e}{\partial x}\right] .$$

Detaillierte Balance im stationären Zustand verlangt bei endlicher Feldstärke

$$\frac{1}{|\tau|} = \left(\frac{v_0}{e}\frac{\partial e}{\partial x}\right)_0 .$$

Der Diffusionskoeffizient D_f ist dann (vgl. (1.49))

$$2D_f = 2/|\tau|$$

und D wird mit (5.25)

$$D = D_f\langle E_1^2 \rangle = \langle E_1^2 \rangle/|\tau| . \tag{5.26}$$

Für die mittlere Energie der heißen Elektronen gilt nun

$$\frac{1}{2}\varepsilon V\langle E_1^2\rangle = \frac{1}{2}k_B T_n \tag{5.27}$$

so daß damit D wird

$$D = \frac{k_B T_n}{\varepsilon V\,|\,\tau\,|} = \frac{q n_0\,|\,\mu_d\,|\,k_B T_n}{\varepsilon^2 V} = \frac{q^2 n_0 D_n(E_0)}{\varepsilon^2 V} \tag{5.28}$$

dabei wurde in Analogie zur Einstein-Beziehung (5.19) gesetzt

$$q D_n(E_0) = k_B T_n(E_0)\,|\,\mu_d(E_0)\,| \tag{5.29}$$

worin nun alle drei Größen T_n, μ_d und D_n vom Feld E_0 im fallenden Ast der $v(E)$-Kennlinie abhängen.

5.3 Leerlauf-Rauschspannung

Zur Berechnung der spektralen Dichte der Leerlauf-Rauschspannung $S_u(\omega) = \langle\,|\,U_1(\omega)\,|^2\rangle$ wird mit $J_{ges_1} = 0$ und für $E_0 > E_c$ Gleichung (5.21) benötigt. Nach Fourier-Transformation in den Frequenzbereich und umgeformt, lautet diese Gleichung

$$\left(\frac{d}{dx} + jk\right) E_1 = \frac{F(x,\omega)}{v_0} = g(x,\omega) \tag{5.30}$$

mit der Dispersionsbeziehung

$$k = k_r + jk_i = \frac{\omega}{v_0} + j1/v_0\,|\,\tau\,|\ . \tag{5.31}$$

Die AKF von $g(x)$ lautet

$$\langle g(x,\omega)g(x',\omega')\rangle = \frac{1}{v_0^2}\langle F(x,\omega)F(x',\omega')\rangle$$

$$= \frac{2Dw\delta(x-x')}{v_0^2} = 2D_g\delta(x-x')$$

mit

$$D_g = \frac{qn_0\mid\mu_d\mid k_BT_n}{A\varepsilon^2v_0^2} \tag{5.32}$$

Nach (4.113) gilt dann für die spektrale Dichte der Leerlaufspannung

$$S_u(\omega) = 2D_g\int\limits_0^w \mid \Phi(x_0)\mid^2 dx_0\,.$$

worin

$$\Phi(x_0) = \int\limits_0^w G(x,x_0)dx$$

das Integral der Greenschen Funktion $G(x,x_0)$ ist.
Da der Differentialoperator von (5.30) mit der zugehörigen Randbedingung $E_1(0) = 0$ nicht selbstadjungiert ist und demnach Reziprozität nicht gilt [27, S.874], muß im Gegensatz zu Abschnitt 4.6 hier die Greensche Funktion $G(x,x_0)$ für

$$\left(\frac{d}{dx}+jk\right)G(x,x_0) = \delta(x-x_0) \tag{5.33}$$

aufgestellt werden.

Die Lösung für den homogenen Anteil von (5.33) ist

$$G_h = Ce^{-jkx}\,.$$

Durch Variation der Konstante C ergibt sich schließlich für $G(x, x_0)$

$$
\begin{aligned}
G(x, x_0) &= \int_0^x e^{-jk(x-x')}\delta(x' - x_0)dx' \\
&= 0 \quad \text{für} \quad x < x_0 \\
&= e^{-jk(x-x_0)} \quad \text{für} \quad x > x_0\,.
\end{aligned}
\tag{5.34}
$$

Das Integral der Greenschen Funktion ist dann

$$
\begin{aligned}
\Phi(x_0) &= \int_0^w G(x, x_0)dx \\
&= \int_{x_0}^w e^{-jk(x-x_0)}dx = \frac{1}{jk}\left[1 - e^{-jk(w-x_0)}\right]
\end{aligned}
\tag{5.35}
$$

und die spektrale Dichte $S_u(\omega)$ der Leerlauf-Rauschspannung ist

$$
S_u(\omega) = \frac{2D_g}{\mid k \mid^2} \int_0^w \mid 1 - e^{-jk(w-x_0)} \mid^2 dx_0\,.
\tag{5.36}
$$

Für das Integral in (5.36) erhält man mit dem Laufwinkel

$$
\Theta = wk_r = w\omega/v_0
\tag{5.37}
$$

und dem Verstärkungsmaß

$$
\gamma = wk_i > 0
\tag{5.38}
$$

explizit zu

$$\int\limits_0^w \mid 1 - e^{-jk(w-x_0)} \mid^2 dx_0 =$$
$$= w \left\{ 1 + \frac{e^{2\gamma} - 1}{2\gamma} - \frac{2}{\Theta^2 + \gamma^2} \cdot \right.$$
$$\left. \cdot \left[e^{\gamma} \left(\gamma \cos \Theta + \Theta \sin \Theta \right) - \gamma \right] \right\}. \tag{5.39}$$

Um das Entstehen von Großsignal-Raumladungswellen zu verhindern, muß gelten [30]

$$\gamma = wk_i \ll 1. \tag{5.40}$$

Mit dieser Voraussetzung vereinfacht sich (5.39) zu

$$\int\limits_0^w |1 - e^{-jk(w-x_0)}|^2 dx_0 \simeq 2w \left[1 - \frac{\sin \Theta}{\Theta} \right] \tag{5.41}$$

und die spektrale Dichte $S_u(\omega)$ wird

$$S_u(\omega) = 4D_g w(1 - \sin \Theta / \Theta) / \mid k \mid^2. \tag{5.42}$$

Wegen $S_u(\omega) \sim 1/ \mid k \mid^2 \approx 1/k_r^2 \sim 1/\omega^2$, fällt bei hohen Frequenzen das Spektrum mit $6\,dB$ pro Oktave.

5.4 Kleinsignal-Rauschmaß

Ähnlich wie mit (4.69) wird nach (2.30) gesetzt

$$S_u(\omega) = \langle \mid U_1(\omega) \mid^2 \rangle = 2k_B T_{äq} \mid R_1 \mid. \tag{5.43}$$

Darin ist R_1 der negative Realteil der Kleinsignal-Impedanz des Gunn-Elements. Nach (2.65) folgt für das Kleinsignal-Rauschmaß

$$M_1 = T_{äq}/T_0 = \frac{S_u(\omega)}{2k_B T_0 \mid R_1 \mid} \, . \tag{5.44}$$

Die Kleinsignal-Impedanz $Z_1(\omega) = R_1 + jX_1$ folgt aus (5.9) mit $F(x,t) = 0$. Nach Fourier-Transformation in den Frequenzbereich ergibt sich

$$\left(\frac{d}{dx} + jk \right) E_1 = J_{ges_1}/\varepsilon v_0 \, . \tag{5.45}$$

Die allgemeine Lösung von (5.45) lautet

$$E_1 = Ce^{-jkx} + J_{ges_1}/jk\varepsilon v_0 \, . \tag{5.46}$$

Mit der Randbedingung $E_1(0) = 0$ folgt für $C = -J_{ges_1}/jk\varepsilon v_0$ und somit für die spezielle Lösung

$$E_1 = \frac{J_{ges_1}}{jk\varepsilon v_0} \left(1 - e^{-jkx} \right) \, . \tag{5.47}$$

Die Kleinsignal-Impedanz wird damit

$$Z_1(\omega) = \frac{1}{I_{ges_1}} \int_0^w E_1 dx = \frac{w}{jkA\varepsilon v_0} \left[1 + \frac{e^{-jkw} - 1}{jkw} \right] \, . \tag{5.48}$$

Mit dem Laufwinkel Θ (5.37) und dem Verstärkungsmaß γ (5.38) ergibt sich für den Realteil von $Z_1(\omega)$

$$R_1 = -\frac{1}{\mid k \mid^2 A\varepsilon v_0} \, \cdot$$
$$\cdot \left[\gamma + \frac{\Theta^2 - \gamma^2}{\Theta^2 + \gamma^2} (e^\gamma \cos \Theta - 1) - \frac{2\Theta\gamma}{\Theta^2 + \gamma^2} e^\gamma \sin \Theta \right] \, . \tag{5.49}$$

In Bild 5.4 ist R_1 als Funktion von Θ dargestellt (dabei ist R_1 bezogen auf den Raumladungs-Widerstand $R_r = w^2/2A\varepsilon v_0$, der aus (5.48) für $kw \to 0$ folgt). Der negative Widerstand ist maximal bei $\Theta = 2\pi$. Dieser Laufwinkel wird daher zur Bestimmung von M_1 benützt. Unter der gleichen Voraussetzung (5.40) wird schließlich

$$R_1 = -\frac{2\gamma}{\mid k \mid^2 A\varepsilon v_0} \,. \tag{5.50}$$

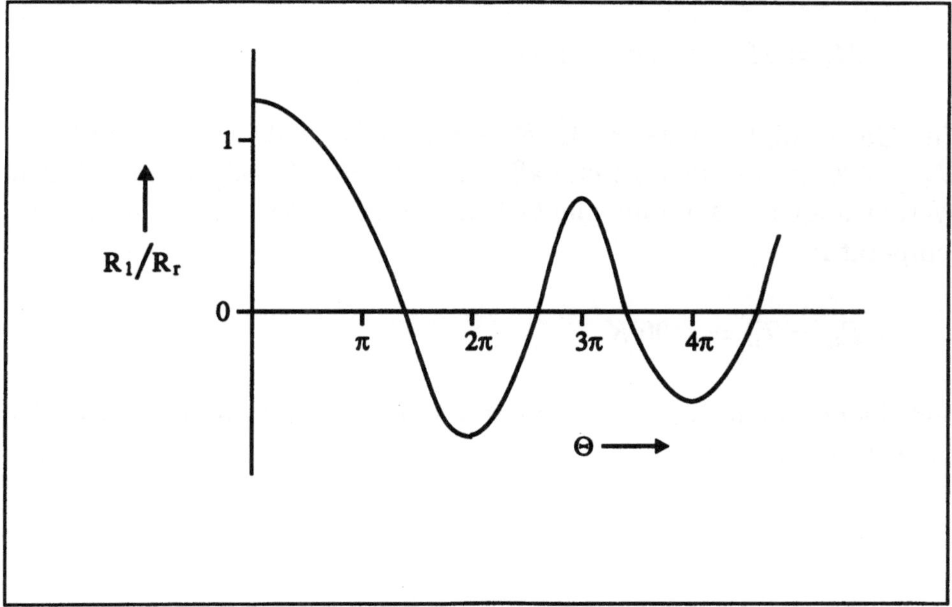

Bild 5.4: Normierter Kleinsignal-Wirkwiderstand als Funktion des Laufwinkels Θ (R_r ist der Raumladungs-Widerstand)

Das Rauschmaß M_1 lautet dann mit (5.42):

$$M_1 = \frac{4D_g w A\varepsilon v_0}{2k_B T_0 2\gamma} = \frac{q n_0 \mid \mu_d \mid}{k_i \varepsilon v_0} \frac{T_n}{T_0} \,.$$

Mit $k_i = 1/v_0 \mid \tau \mid = \frac{qn_0|\mu_d|}{\varepsilon v_0}$ folgt für M_1 das einfache Ergebnis

$$M_1 = T_{äq}/T_0 = T_n/T_0 . \tag{5.51}$$

Die äquivalente Rauschtemperatur eines Gunn-Elements ist also (im Kleinsignal-Bereich) gleich der Temperatur der heißen Elektronen

$$T_{äq} = T_n . \tag{5.52}$$

Mit der modifizierten Einstein-Beziehung (5.29) kann für M_1 auch geschrieben werden

$$M_1 = qD_n(E_0)/k_B T_0 \mid \mu_d(E_0) \mid . \tag{5.53}$$

Für GaAs folgt bei $T_0 = 300K$ mit $\mid \mu_d \mid = 2000\,cm^2/Vs$ und mit $D_n = 400\,cm^2/s$ ein Rauschmaß von nur $9\,dB$ [9, S.156]. Mit diesen Werten folgt für die äquivalente Rauschtemperatur bzw. Elektronentemperatur

$$T_{äq} = T_n = 2400\,K$$

(vgl. hierzu auch die Abschätzung von T_n aus einer anderen Überlegung in Absatz 5.1).

A Anhang

A.1 Transformation von Langevin-Gleichungen

Eine andere Form der allgemeinen L.G., die sich besonders für Transformationen eignet, lautet [3, S. 54]

$$\dot{q}_i = a_i(\bar{q}) + \sum_j \sigma_{ij}(\bar{q})\Gamma_j(t)$$

mit $\hspace{12cm}$ (A.1)

$$\langle \Gamma_j(t) \rangle = 0 \quad \text{und} \quad \langle \Gamma_i(t)\Gamma_j(t') \rangle = 2\delta_{ij}\delta(t - t')$$

dabei ist δ_{ij} das Kronecker Symbol ($\delta_{ij} = 1$ für $i = j$; $\delta_{ij} = 0$ für $i \neq j$).

Die Abbildung von (A.1) in die L.G. (1.13) (mit $g_i(\bar{q}) = 1$) und F.P.G. (1.31) erfolgt mit

$$K_i = a_i(\bar{q}) + \sum_{j,k} \sigma_{kj}\frac{\partial \sigma_{ij}}{\partial q_k} \tag{A.2}$$

$$D_{ij} = \sum_k \sigma_{ik}\sigma_{jk}. \tag{A.3}$$

Der zweite Term in (A.2) ist der durch Rauschen induzierte Drift-Term

Soll (A.1) in ein anderes Koordinaten-System

$$q_i' = q_i'(\bar{q}) \tag{A.4}$$

transformiert werden, so sind die neuen Größen a_i' und σ_{ij}' der transformierten L.G.

$$\dot{q}_i' = a_i'(\vec{q}') + \sum_j \sigma_{ij}'(\vec{q}')\Gamma_j(t)$$

gegeben durch

$$a_i' = \sum_k \frac{\partial q_i'}{\partial q_k}a_k \;;\quad \sigma_{ij}' = \sum_{j,k} \frac{\partial q_i'}{\partial q_k}\sigma_{kj}\,. \tag{A.5}$$

(Der Vorteil dieser Schreibweise ist, daß die $\Gamma_j(t)$ bei Transformationen invariant sind).

Diese Regeln werden nun angewendet, um die Laser-Feldgleichung (3.24)

$$\dot{E} = \frac{1}{2\tau_{ph}}(1 + j\alpha)(G - 1)E + F(t)$$
$$\langle (F(t)F^*(t')) \rangle = R\delta(t - t') \tag{A.6}$$

in Polar-Koordinaten und in die zugehörige F.P.G. überzuführen.

Zunächst wird (A.6) in Real- und Imaginärteil getrennt ($E = E_1 + jE_2$; $F = F_1 + jF_2$)

$$\begin{aligned}
\dot{E}_1 &= \frac{(G-1)E_1}{2\tau_{ph}} - \frac{\alpha(G-1)E_2}{2\tau_{ph}} + F_1 \\
\dot{E}_2 &= \frac{(G-1)E_2}{2\tau_{ph}} + \frac{\alpha(G-1)E_1}{2\tau_{ph}} + F_2
\end{aligned} \tag{A.7}$$

mit

$$\langle F_1(t)F_1(t')\rangle = \langle F_2(t)F_2(t')\rangle = \frac{1}{2}\langle F(t)F^*(t)\rangle = \frac{R}{2}\delta(t-t')\,.$$

(A.7) entspricht der Form (A.1) $(q_1 = E_1; q_2 = E_2)$ mit

$$
\begin{aligned}
a_1 &= \frac{(G-1)E_1}{2\tau_{ph}} - \frac{\alpha(G-1)E_2}{2\tau_{ph}} \\
a_2 &= \frac{(G-1)E_2}{2\tau_{ph}} + \frac{\alpha(G-1)E_1}{2\tau_{ph}}\,.
\end{aligned}
\tag{A.8}
$$

Ferner folgt aus (A.7)

$$\sigma_{12} = \sigma_{21} = 0$$

und

$$\sigma_{11}\Gamma_1 = F_1; \quad \sigma_{22}\Gamma_2 = F_2\,.$$

$$\tag{A.9}$$

Damit ergibt sich

$$
\begin{aligned}
\sigma_{11}^2\langle \Gamma_1(t)\Gamma_1(t')\rangle &= \langle F_1(t)F_1(t')\rangle \\
\sigma_{11}^2 2\delta(t-t') &= \frac{1}{2}R\delta(t-t')
\end{aligned}
$$

und schließlich

$$\sigma_{11} = \sigma_{22} = 1/2\sqrt{R}\,.\tag{A.10}$$

Mit (A.8), (A.9) und (A.10) lautet nun (A.7)

$$
\begin{aligned}
\dot{E}_1 &= a_1 + \sigma_{11}\Gamma_1(t) \\
\dot{E}_2 &= a_2 + \sigma_{22}\Gamma_2(t)
\end{aligned}
\tag{A.11}
$$

Die Transformation in Polarkoordinaten erfolgt wie

$$E = E_1 + jE_2 = \sqrt{S}e^{j\varphi} = \sqrt{S}\cos\varphi + j\sqrt{S}\sin\varphi \qquad (A.12)$$

darin ist S die Photonenzahl und φ die Phase. Die neuen Größen $(q_1' = S; q_2' = \varphi)$ sind mit den alten Größen E_1 und E_2 wie folgt verknüpft

$$S = E_1^2 + E_2^2; \quad \varphi = \arctan\left(E_2/E_1\right). \qquad (A.13)$$

Mit (A.5) ergibt sich damit für

$$\begin{aligned}
a_S = a_1' &= \frac{\partial S}{\partial E_1}a_1 + \frac{\partial S}{\partial E_2}a_2 \\
&= \frac{(G-1)S}{\tau_{ph}}
\end{aligned} \qquad (A.14)$$

und in ähnlicher Weise für

$$a_\varphi = a_2' = \frac{\alpha(G-1)}{2\tau_{ph}}. \qquad (A.15)$$

Die neuen Größen σ_{ij}' erhält man aus (A.5) unter Beachtung von (A.9 - A.13) zu

$$\begin{aligned}
\sigma_{11}' &= \sqrt{RS}\cos\varphi &\qquad \sigma_{12}' &= \sqrt{RS}\sin\varphi \\
\sigma_{21}' &= -\tfrac{1}{2}\sqrt{\tfrac{R}{S}}\sin\varphi &\qquad \sigma_{22}' &= \tfrac{1}{2}\sqrt{\tfrac{R}{S}}\cos\varphi.
\end{aligned} \qquad (A.16)$$

Damit folgt für die L.G. in Polar-Koordinaten

$$\begin{aligned}
\dot{S} &= \frac{(G-1)}{\tau_{ph}}S + \sqrt{RS}[\Gamma_1\cos\varphi + \Gamma_2\sin\varphi] \\
\dot{\varphi} &= \frac{\alpha(G-1)}{2\tau_{ph}} + \frac{1}{2}\sqrt{\frac{R}{S}}[-\Gamma_1\sin\varphi + \Gamma_2\cos\varphi].
\end{aligned} \qquad (A.17)$$

(A.17) wird nun mit Hilfe von (A.2), (A.3) sowie mit (A.14), (A.15) und (A.16) in die äquivalente L.G. (1.13) (mit $g_i(\bar{q}) = 1$) transformiert ($q_1 = S; q_2 = \varphi$). Für die Drift-Terme folgt damit (vgl. (A.2)):

$$
\begin{aligned}
K_S = K_1 &= a_1' + \sum_{j,k} \sigma_{kj}' \frac{\partial \sigma_{1j}'}{\partial q_k} \\
&= a_S + \sigma_{11}' \frac{\partial \sigma_{11}'}{\partial S} + \sigma_{21}' \frac{\partial \sigma_{11}'}{\partial \varphi} + \\
&\quad + \sigma_{12}' \frac{\partial \sigma_{12}'}{\partial S} + \sigma_{22}' \frac{\partial \sigma_{12}'}{\partial \varphi} \\
&= (G-1)S/\tau_{ph} + R
\end{aligned}
\tag{A.18}
$$

$$
\begin{aligned}
K_\varphi = K_2 &= a_2' + \sum_{j,k} \sigma_{kj}' \frac{\partial \sigma_{2j}'}{\partial q_k} \\
&= a_\varphi + \sigma_{11}' \frac{\partial \sigma_{21}'}{\partial S} + \sigma_{21}' \frac{\partial \sigma_{21}'}{\partial \varphi} + \\
&\quad + \sigma_{12}' \frac{\partial \sigma_{22}'}{\partial S} + \sigma_{22}' \frac{\partial \sigma_{22}'}{\partial \varphi} \\
&= \alpha(G-1)/2\tau_{ph} \, .
\end{aligned}
\tag{A.19}
$$

Die Diffusionskoeffizienten ergeben sich aus (A.3):

$$
\begin{aligned}
D_{SS} &= D_{11} = \sigma_{11}'\sigma_{11}' + \sigma_{12}'\sigma_{12}' = RS \\
D_{\varphi\varphi} &= D_{22} = \sigma_{21}'\sigma_{21}' + \sigma_{22}'\sigma_{22}' = R/4S \\
D_{S\varphi} &= D_{12} = \sigma_{11}'\sigma_{21}' + \sigma_{12}'\sigma_{22}' = 0 \\
D_{\varphi S} &= D_{21} = \sigma_{21}'\sigma_{11}' + \sigma_{22}'\sigma_{12}' = 0 \, .
\end{aligned}
\tag{A.20}
$$

Die Bilanzgleichungen für die Photonenzahl S (vgl. (3.47)) und für die Phase φ (vgl. (3.30)) lauten nun

$$
\begin{aligned}
\dot{S} &= (G-1)S/\tau_{ph} + R + F_S(t) \\
\langle F_S(t)F_S(t') \rangle &= 2D_{SS}\delta(t-t') = 2SR\delta(t-t')
\end{aligned}
\tag{A.21}
$$

und

$$\dot{\varphi} = \alpha(G-1)/2\tau_{ph} + F_\varphi(t)$$

$$\langle F_\varphi(t)F_\varphi(t')\rangle = 2D_{\varphi\varphi}\delta(t-t') = \frac{R}{2S}\delta(t-t')\,. \tag{A.22}$$

Mit (A.18) bis (A.20) kann nun nach (1.31) die Fokker-Planck Gleichung für den Fabry-Perot Laser aufgestellt werden

$$\frac{\partial W}{\partial t} = -\frac{\partial W K_S}{\partial S} - \frac{\partial W K_\varphi}{\partial \varphi} + \frac{R\partial^2 W S}{\partial S^2} + \frac{R}{4S}\frac{\partial^2 W}{\partial \varphi^2}\,. \tag{A.23}$$

Sowohl in K_S als auch in K_φ ist der Gewinn in der Form $(G-1) = G_n \cdot (n - n_s)$ enthalten. Durch Anwendung der adiabatischen Approximation (3.59) werden n und n_s eliminiert. Mit den Abkürzungen (3.61) lauten dann diese Drift-Koeffizienten

$$\begin{aligned} K_S &= 2(a-cS)S + R \\ K_\varphi &= \alpha(a-cS)\,. \end{aligned} \tag{A.24}$$

Da K_φ unabgängig von φ ist, kann (A.23) umgeschrieben werden

$$\begin{aligned} \frac{\partial W}{\partial t} = &- \frac{\partial}{\partial S}[2W(a-cS)S - RS\frac{\partial W}{\partial S}] \\ &- \alpha(a-cS)\frac{\partial W}{\partial \varphi} + \frac{R}{4S}\frac{\partial^2 W}{\partial \varphi^2}\,, \end{aligned} \tag{A.25}$$

dabei wurde von der Umrechnung $R\frac{\partial WS}{\partial S} = RW + RS\frac{\partial W}{\partial S}$ Gebrauch gemacht.

Da die stationäre Lösung W_0 von (A.25) unabhängig von der Phase φ ist und die im verbleibenden Klammerausdruck enthaltene Komponente des Wahrscheinlichkeit-Stromes verschwindet ($W_0=0$ für $S \to \infty$), ergibt sich als Lösung

$$W_0 = N_0 \exp{-(cS^2 - 2aS)/R}\,, \tag{A.26}$$

welche mit den normierten Größen (3.70) und (3.71) der Lösung von (3.69) entspricht.

Literaturverzeichnis

[1] Petermann, K.: Laser Diode Modulation and Noise. Kluwer Academic Publishers, 1988

[2] Mørk, J,: Nonlinear Dynamics and Stochastic Behaviour of Semiconductor Lasers with Optical Feedback. Dissertation, 1989, Technische Universität von Dänemark

[3] Risken, H.: The Fokker-Planck Equation. Springer Verlag, 1988

[4] Haken, H.: Synergetics. Springer Verlag, 1978

[5] Louisell, W.: Coupled mode and parametric electronics. Wiley, 1960

[6] Lax, M.: Classical Noise. V. Noise in Self-Sustained Oscillators. Phys. Rev. 160 (1967) 290-307

[7] Landau, L., und Lifschitz, E.: Lehrbuch der Theoretischen Physik, Bd.V: Statistische Physik. Akademie Verlag Berlin, 1979

[8] Haken, H.: Cooperative Phenomena in systems far from thermal equilibrium and in nonphysical systems. Rev. Mod. Phys. 47 (1975) 67-121

[9] Harth, W. und Claassen, M.: Aktive Mikrowellendioden; Halbleiter-Elektronik Bd. 9, Springer Verlag 1981

[10] Müller, R.: Rauschen; Halbleiter-Elektronik Bd.15, Springer Verlag Berlin, 1979

[11] Henry, C.: Theory of the Linewidth of Semiconductor Lasers. IEEE QE-18 (1982) 259-264

[12] Harth, W. und Grothe, H.: Sende-und Empfangsdioden für die optische Nachrichtentechnik. Teubner Verlag 1998

[13] Yamamoto, Y.: AM and FM Quantum Noise in Semiconductor Lasers-Part I: Theoretical Analysis. IEEE QE-19 (1983) 34-46

[14] Gallion, P., Nakajima, H., Debarge, G. und Chabran, C.: Contribution of Spontaneous Emission to the Linewidth of an Injection-Locked Semiconductor Laser. Electron. Lett. 21 (1985) 626-627

[15] Schawlow, A. und Townes, C.: Infrared and optical masers". Phys. Rev. 112 (1958) 1940-1949

[16] Vahala, K., und Yariv, A.: Semiclassical Theory of Noise in Semiconductor Lasers: Part Two. IEEE QE-19 (1983) 1102 - 1109

[17] Kurokawa, K.: An Introduction to the Theory of Microwave Circuits. Academic Press, 1969

[18] Hines, M., Collinet, J.-C. und Ondria, J.: FM-Noise Suppression of an Injection Phase-Locked Oscillator. IEEE MTT-16 (1968) 738-742

[19] Hines, M.: Large-Signal Noise, Frequency Conversion and Parametric Instabilities in Impatt Diode Networks. Proc. IEEE 60 (1972) 1534-1548

[20] Convert, G.: Sur la Théorie Du Bruit Des Diodes A Avalanche. Rev. Technique Thomson-CSF 3 (1971) 419-471

[21] Tager, A.: The Avalanche-Transit Diode and its Use in Microwaves. Soviet Physics USPEKHI 9 (1967) 892-912

[22] Haus, H., Statz, H. und Pucel, R.: Optimum Noise Measure of Impatt Diodes. IEEE MTT-19 (1971) 801-813

[23] Misawa, T.: Multiple Uniform Layer Aproximation in Analysis of Negative Resistance in pn- Junctions in Breakdown. IEEE ED-14 (1967) 795-808

[24] Goedbloed, J.J.: Noise in Impatt-Diode Oscillators. Philips Res. Repts. Suppl. 1973 No.7

[25] Harth, W., Bogner, W., Gaul, L., und Claassen, M.,: A comparative study on the noise measure of millimetre-wave GaAs impatt diodes. Solid-St. Electron. 37 (1994) 427-431

[26] Gummel, H. und Blue, J.: A Small-Signal Theory of Avalanche Noise in Impatt- Diodes. IEEE ED-14 (1967) 569-580

[27] Morse, P. und Feshbach, H.: Methods of Theoretical Physics. McGraw-Hill, 1953

[28] Claassen, M.: Small-Signal Noise Performance of Impatt-Diodes made from Silicon, Germanium and Gallium-Arsenide. MOGA 70, Amsterdam (1970), 1236-1240

[29] Van der Ziel, A.: Noise in Solid State Devices and Circuits. J. Wiley, 1986

[30] Sze, S.M.: Physics of Semiconductor Devices. J. Wiley, New York, 1982

Stichwortverzeichnis